BEI GRIN MACHT SICH IHR WISSEN BEZAHLT

- Wir veröffentlichen Ihre Hausarbeit,
  Bachelor- und Masterarbeit

- Ihr eigenes eBook und Buch -
  weltweit in allen wichtigen Shops

- Verdienen Sie an jedem Verkauf

Jetzt bei www.GRIN.com hochladen und kostenlos publizieren

Bibliografische Information der Deutschen Nationalbibliothek:

Die Deutsche Bibliothek verzeichnet diese Publikation in der Deutschen National-
bibliografie; detaillierte bibliografische Daten sind im Internet über http://dnb.d-
nb.de/ abrufbar.

Impressum:

Copyright © 2017 GRIN Verlag
Druck und Bindung: Books on Demand GmbH, Norderstedt Germany
ISBN: 9783668642867

Dieses Buch bei GRIN:

https://www.grin.com/document/413308

Anonym

Plastikmüll in den Ozeanen. Gefahren und Lösungsansätze

GRIN Verlag

GRIN - Your knowledge has value

Der GRIN Verlag publiziert seit 1998 wissenschaftliche Arbeiten von Studenten, Hochschullehrern und anderen Akademikern als eBook und gedrucktes Buch. Die Verlagswebsite www.grin.com ist die ideale Plattform zur Veröffentlichung von Hausarbeiten, Abschlussarbeiten, wissenschaftlichen Aufsätzen, Dissertationen und Fachbüchern.

Besuchen Sie uns im Internet:

http://www.grin.com/

http://www.facebook.com/grincom

http://www.twitter.com/grin_com

Inhaltsverzeichnis

1. Einführung

Montag morgens um 8.15 Uhr klingelt mein Wecker. Ich betätige die Schlummertaste. Das Display meines Smartphones ist mit einer Schutzfolie aus Plastik beklebt. Dann knipse ich das Licht an. Der Schalter ist aus Plastik. Da ich an diesem Morgen an Halsschmerzen leide, nehme ich eine Lutschtablette. Die Blisterverpackung ist aus Plastik. In den ersten fünf Minuten des neuen Tages bin ich also schon dreimal mit Plastik in Berührung gekommen. Ich esse Müsli, das in einer Plastiktüte aufbewahrt wird, aus einer Plastik-Müslischüssel. Der Milchkarton ist auf der Innenseite mit Plastik beschichtet. Der Wasserkocher für meinen Morgentee ist aus Plastik. Ich putze mir die Zähne mit einer Zahnbürste aus Plastik und Zahnpasta aus einer Plastiktube. Unter der Dusche klebt der nasse Duschvorhang aus Plastik an meiner Haut. Das Shampoo befindet sich in einer Plastikverpackung und enthält Mikroplastik. Bevor ich in die Hochschule gehe, fülle ich mir Wasser aus dem Hahn in eine Glasflasche ab. Das ist alles, was ich an meinem Verhalten geändert habe, nachdem wir damals in der elften Klasse im Chemieunterricht den Film „Plastic Planet" angeschaut haben. Ich verwende seitdem so gut wie keine Plastikflaschen mehr. Aber selbst der Deckel der Glasflasche ist auf der Innenseite zum Zweck der Abdichtung mit Plastik beschichtet. Es ist erschreckend, wie wenig ich mir darüber bewusst bin, wie sehr mein Alltag von Plastik bestimmt wird. Das Schlimme ist, dass ich mit meinem Verhalten nicht nur mir selbst schade, sondern vor allem auch der Natur und damit dem Ökosystem Ozean. Während man bis in die 70er Jahren und darüber hinaus noch davon ausging, dass der Ozean eine grenzenlose Aufnahmekapazität für jegliche Abfälle bereitstellt und der Mensch auf ein solch großes Ökosystem niemals Einfluss nehmen könne (vgl. Coe / Rogers, 1997), sind wir heute mit den dramatischen Auswirkungen und damit schier unlösbaren Problemen konfrontiert, die unsere moderne Konsum- und Wegwerfgesellschaft zur Folge haben. Auch ich bin Teil dieser Gesellschaft. In dieser Hausarbeit möchte ich mich neben den Gefahren des Plastikkonsums und des damit entstehenden Plastikmülls vor allem mit den Lösungsansätzen und Gegenmaßnahmen zur Bekämpfung der Problematik beschäftigen. Regierungen und verschiedene Organisationen suchen händeringend nach Möglichkeiten, die Gefahr einzudämmen. Aber dürfen wir uns bei der Bewältigung der Gefahr des Plastikmülls in den Ozeanen auf das Handeln der Regierung und das Engagement der NGOs verlassen?

Im ersten Teil der Hausarbeit beschäftige ich mich mit der Geschichte des Plastik, um zu veranschaulichen, wie schnell sich die revolutionäre Erfindung des Materials entwickelt und ausgebreitet hat. Im Anschluss daran gehe ich auf die ungeahnten Folgen des Plastikkonsums ein und kläre, warum diese eine der größten Gefahren für das Ökosystem Ozean und damit auch für die Menschheit darstellt. Im Hauptteil der

Hausarbeit widme ich mich den Gegenmaßnahmen und Lösungsansätzen der Regierung und der NGOs. Auf der Suche nach Antworten stieß ich immer wieder auf Lücken in der wissenschaftlichen Fachliteratur. Vor allem bei der Recherche über die Arbeit der NGOs musste ich mich primär auf die Selbstdarstellungen auf den jeweiligen Homepages und die von den NGOs durchgeführten Studien und deren Reporte stützen. Außerdem kommt die unübersichtliche Datenlage erschwerend hinzu. Verschiedene Quellen geben verschiedene Daten an, wie beispielsweise bezüglich der tatsächlichen Menge Plastikmüll, die sich bereits im Ozean befindet. Dies kann nur ein Hinweis dafür sein, dass im Grunde keiner über das tatsächliche Ausmaß der Verschmutzung Bescheid weiß. Es wird lediglich spekuliert. Das Bundesministerium für Bildung und Forschung bestätigt: „Verlässliche Daten zur Menge, geographischen Verbreitung und den Auswirkungen von Plastikteilchen in den Ozeanen fehlen, international einheitliche Standards in den Messmethoden existieren nicht" (BMBF, 2015, S.6). Schließlich will ich darauf eingehen, welche Verantwortung jeder Einzelne - vor allem in Hinblick auf das Konsumverhalten - für die Problematik trägt und was jeder zur Eindämmung des Problems beitragen kann. Gerade als angehende Lehrerin stehe ich gegenüber meinen Schülerinnen und Schülern in einer dringenden Aufklärungspflicht. Auch damit möchte ich mich abschließend beschäftigen.

2. Bandalasta und Linga-Longa – Die Geschichte des Plastik

Es fällt schwer, sich das Leben der Menschen vor der Erfindung des Plastik vorzustellen. Haushaltsgegenstände waren teuer, da sie aufwändig aus Holz oder Metall gefertigt werden mussten. Nahrungsmittel hielten sich ohne luftdichte Plastikverpackung nicht sehr lange und Glas- und Keramikware zersprang bei unvorsichtigem Umgang schnell in viele Scherben.

Nach mehreren Jahren intensiver Forschung und Laborarbeit gelingt es Leo Hendricus Arthur Baekeland im Jahre 1907 schließlich, den ersten vollsynthetischen Kunststoff industriell herzustellen. „Bakelit" wird der neue „Wunderstoff" (Pretting / Boote, 2010, S.14) genannt, angelehnt an den Namen seines Erfinders. Phenol und Formaldehyd sind die chemischen Basisstoffe, aus denen schließlich die synthetischen Harze, das „Bakelit", gewonnen werden (vgl. Caseri, 2007). Ob Baekeland sich damals schon über die spektakulären Auswirkungen seines Wunderstoffes bewusst war, ist fraglich. Mit seiner Erfindung setzt er jedenfalls den Grundstein für ein völlig neues Zeitalter. „Willkommen im Plastikzeitalter" heißt es provokant auf der Website des Filmes „Plastic-Planet" (Plastic Planet, o.J.). Leicht, flexibel, robust und vor allem erschwinglich für jedermann erobert der neue Wunderstoff schnell den Haushalt und verdrängt Alltagsgegenstände, die zuvor aus anderen Materialien gefertigt wurden. „Bandalasta" und „Linga-Longa" heißen die modernen Haushaltsutensilien, um den Verbrauchern die Scheu vor dem neuen Material zu nehmen. Schnell finden die Produkte vor allem durch ihre völlig neue Farbgebung und ihre moderne Form großen Anklang (vgl. Pretting / Boote, 2010). Der Kunststoffsektor bemüht sich stets um die Weiterentwicklung der Kunststoffe, sodass bereits 1940 der Kunststoff „Polyethylen" den Markt erobert und zwar unter anderem in Form der bis heute beliebten „Tupperware" (vgl. Pretting / Boote, 2010). Es kommt zur regelrechten Hysterie um die wasser- und luftdicht verschließbaren Gefäße. Bis heute finden Dank genialem Vertriebssystem regelmäßig „Tupperpartys" in privaten Haushalten statt (vgl. Erken, 2016). Die Begeisterung für die „Tupperware" ist kaum zu bremsen und hält sich laut Angaben des Unternehmens seit letztem Jahr auf Rekordniveau (vgl. Tupperware Deutschland GmbH, 2016). In den 40er Jahren, also etwa um die gleiche Zeit, lösen auch die berühmten „Nylon-Strümpfe" einen ähnlich ungeahnten Hype aus (vgl. Pretting / Boote, 2010). Mit der Einführung der Frisbee-Scheibe und des Hula Hoop Reifens aus Polyethylen Ende der 50er Jahre, erobert Plastik schließlich auch das Kinderzimmer und setzt sich als unverzichtbares Freizeitutensil durch (vgl. Moore, 2011). Plastik ist das Symbol der Zukunft. Schiffskapitän und Ozeanograph Charles Moore spricht in seinem Buch „Plastic Ocean" vom Wegbereiter des „Tomorrowland" (Moore, 2011, S. 40). Gesellschaftliche Umbrüche gehen vor allem auch mit der Einführung des Selbstbedienungsprinzips in neuen Supermärkten einher. Nahrungsmittel können nun hygienisch und luftdicht in Plastikfolie eingeschweißt werden und ermöglichen so das Zugreifen durch den Kunden selbst (vgl. Pretting / Boote, 2010). Glasflaschen werden in den 60er Jahren nach und nach durch leichtere Polyethylenterephthalat-Flaschen, kurz PET-Flaschen, ersetzt. In Deutschland stehen heute die PET-Flaschen mit einem Anteil von 75% den schweren, unpraktischen Glasflaschen entgegen (ebd.). Nach und nach wird die Gesellschaft, die damals noch teuere, hochwertige Produkte wertschätzte und eine Reparatur lohnend und selbstverständlich war, vor allem von den Kunststoffindustrien zur „Wegwerfgesellschaft" umerzogen (ebd.). „Den natürlichen Impuls, Dinge zu achten und sie mehr als einmal zu verwenden, galt es auszuschalten" (Pretting / Boote, 2010, S. 25). Bereits im Jahre 1966 wurde insgesamt eine unglaubliche Summe von 1,3 Millionen Tonnen Verpackungsmüll aus Plastik produziert (vgl. Pretting / Boote, 2010). 2014 sind es allein in Deutschland schon 2,9 Millionen Tonnen (vgl. Umwelt Bundesamt, 2016). „Die Menge an Kunststoff, die wir seit Beginn des Plastikzeitalters produziert haben, reicht bereits aus, um unseren gesamten Erdball sechs Mal mit Plastikfolie einzupacken" (Plastic Planet, o.J.). 1988 kann die Kunststoffindustrie bereits eine höhere Wachstumsrate als die Glas-, Papier-, und Metallindustrie aufweisen. Zu diesem Zeitpunkt war es auch noch völlig legal, den Plastikmüll im Meer zu entsorgen (vgl. Moore, 2011). Weltweit wird jedes Jahr eine

Unmenge von über 200 Millionen Tonnen Kunststoff produziert (vgl. Latif, 2014). 2014 wurde sogar erstmals die 300 Millionen Tonnen-Grenze geknackt (vgl. Habel / Steinecke, 2016). Das sind etwa 15 Millionen Tonnen mehr als der jährliche Bedarf an Fleisch. Während Fleisch jedoch nach dem Verzehr verdaut wird, bleibt das Plastik der Erde noch mehrere Jahrhunderte erhalten (vgl. Moore, 2011).

3. Probleme und Gefahren für den Ozean

Insgesamt gelangt jedes Jahr eine Menge von mehr als 6,4 Millionen Tonnen Plastikmüll in die Ozeane (vgl. NABU, 2010). Andere Quellen gehen sogar von bis zu 12,7 Millionen Tonnen aus (vgl. Habel / Steinecke, 2016). Es scheinen also keine genauen und verlässlichen Daten über die Menge an Müll im Ozean zu existieren. Es wird lediglich geschätzt und spekuliert. Die Dunkelziffer ist vermutlich noch weitaus höher. Eine Studie der NGO „The Ocean Cleanup" (2017c) belegt, dass wir bisher die Menge an Plastik, die im Ozean schwimmt, sogar unterschätzt haben (siehe 4.6.2). 20.000 Tonnen Plastikmüll werden nach Angaben des NABU (2010) jedes Jahr allein in die Nordsee eingetragen, wo sich bereits 600.000 Tonnen Plastikmüll als „Bodenbelag" befinden (vgl. Pretting / Boote, 2010). Damit stellt der Plastikmüll, unter anderem neben der Erwärmung und der Übersäuerung der Ozeane, eines der „seven marine issues" dar, die im Bericht über die Zukunft der Ozeane beschrieben werden (vgl. Williamson / Smythe-Wright / Burkill, 2016).

3.1 Das Problem der Beständigkeit

Das Beunruhigende in Anbetracht der riesigen Mengen an Plastikmüll, die jede Sekunde produziert werden, ist die lange Dauer des natürlichen Zersetzungsprozesses der Kunststoffe. Während Papierhandtücher oder Zeitungen innerhalb weniger Wochen verrotten, bestehen Plastiktüten, die vor 20 Jahren in die Umwelt gerieten auch heute noch irgendwo. Plastikflaschen existieren auch nach 450 Jahren noch, Textilien aus Polyester nach 500 Jahren (vgl. Salden, 2017), Angelschnüre und Fischernetze sogar noch nach 600 Jahren, wenn auch nur noch in Form kleiner Kunststoffpartikelchen (vgl. maribus gGmbH, 2010). Selbst an den entlegendsten Stellen, wie etwa der Arktis, auf unbewohnten Südseeinseln und sogar in der Tiefsee, können heute die Spuren unserer Konsumgesellschaft in Form von Plastikteilen nachgewiesen werden (vgl. Latif, 2014). Ins Meer gelangt das Plastik zum größten Teil über Flüsse oder wird auf Schiffen oder in der Offshore-Industrie über Bord geworfen (vgl. Detloff, 2012). Vor etwa 27 Jahren verlor ein Frachtschiff südlich von Alaska eine Ladung von fünf Containern mit insgesamt 61.000 Turnschuhen, die bis heute regelmäßig an die Strände Alaskas gespült werden (vgl. Pretting / Boote, 2010). Viele Touristen hinterlassen ihren Müll achtlos am Strand (ebd.) und auch durch unsachgemäße Absicherung von Mülldeponien (vgl. Detloff, 2016) gelangen die Kunststoffe in die Umwelt. Naturereignisse wie Tsunamis oder Hurrikans schwemmen immer wieder gewaltige Mengen an Plastik vom Festland in die Ozeane (vgl. Moore, 2011). Aktuelle Studien ergaben, dass bereits ihm Jahr 2050, am Gewicht gemessen, mehr Plastik als Fische in den Ozeanen schwimmen wird (vgl. Eriksen / Prindiville / Thorpe, o.J.). Das Plastik in den Ozeanen wird also auch noch für viele nachkommende Generationen ein großes Problem darstellen.

3.2 Der „Great Pacific Garbage Patch"

Die Meeresströmungen begünstigen, dass sich der Plastikmüll immer weiter in den Ozeanen ausbreitet und sich schließlich in riesigen Spiralen sammelt, die auf und unter der Oberfläche der Ozeane rotieren (vgl. Pretting / Boote, 2010). Es handelt sich also längst nicht mehr nur um ein regionales, sondern um ein globales Problem (vgl. Henninger / Kaiser, 2016). Charles Moore, ein US-amerikanischer Schiffskapitän und Autor des Buches „Plastic Ocean", gilt als Entdecker des heute sogenannten „Great Pacific Garbage Patch", der weltweit größte Müllstrudel im Subtropenwirbel des Nordpazifiks zwischen Kalifornien und Hawaii (vgl. Latif, 2014). Im Zentrum dieses Wirbels sammelt sich immer mehr Müll an, sodass schätzungsweise von einer Fläche der Größe Mitteleuropas auszugehen ist, auf der sich bis zu 100 Millionen Tonnen Plastikmüll im Uhrzeigersinn drehen (ebd.). Pro Quadratkilometer wurde von Wissenschaftlern eine Menge von knapp einer Million Plastikteile nachgewiesen (vgl. maribus gGmbH, 2010). Was wir auf der Oberfläche sehen können, ist jedoch lediglich die „Spitze des Müllbergs" (Detloff, 2016, S.53), ca. 70% des Mülls ist gesunken und sammelt sich auf dem Meeresboden an und weitere 15% werden an Land gespült (vgl. Detloff, 2016). Mittels Satellitenaufzeichnungen und zahlreichen Untersuchungen lassen sich weltweit insgesamt fünf derartiger Müllstrudel in den Weltmeeren feststellen. Außerhalb der Müllstrudel erreichen vor allem Hafengewässer und viel befahrene Wasserstraßen Spitzenwerte der Verschmutzung durch Plastik (vgl. Habel / Steinecke, 2016).

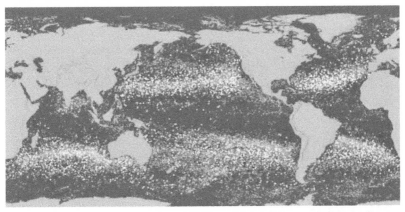

Abb.1: Screenshot einer Computerimulation der NASA, welche die Müllansammlung in den Ozeanen darstellt.

3.3 Das Leiden der Tiere

Wale, Seevögel, Meeresschildkröten, Fische und andere Meeresbewohner verwechseln die Plastikteile mit Futter. Im Magen der Tiere richtet das Plastik Schäden im Gewebe an und kann nicht verdaut werden. Die Tiere verhungern aufgrund des permanenten Sättigungsgefühls oder sterben an den Folgen innerer Verletzungen (vgl. Detloff, 2012). Die NGO Ocean Conservancy (2016b) befürchtet, dass bereits 2050 in den Mägen von bis zu 95% aller Seevögel Plastik nachzuweisen sein wird. Die Magensäure der Tiere begünstigt, dass sich giftige Zusatzstoffe aus dem Plastik herauslösen (vgl. Habel / Steinecke, 2016), was sich beispielsweise negativ auf den Hormonhaushalt der Tiere auswirken kann (siehe 3.5). Eine Studie des niederländischen Forschungsinstituts Alterra, bei der man 600 verendete Eissturmvögel untersuchte, die an den Küsten der Nordsee angeschwemmt wurden, ergab, dass die Tiere in 95% der Fälle unverdauliche Plastikteile zu sich genommen hatten. Dies führte zu Darmverschlüssen und der Abgabe von Giftstoffen an den Körper (vgl. Shafy, 2008). 2012 untersuchte eine spanische Forschungsgemeinschaft einen 4,5 Tonnen schweren, toten Pottwal an der Küste Andalusiens. In seinem Magen fand man unter anderem Abdeckfolie, Gartenschläuche, Plastiktüten, Kleiderbügel und Teile einer Matratze. Insgesamt betrug der Mageninhalt aus Plastik knapp 18 Kilogramm (vgl. Latif, 2014). Delfine, Haie und andere Meeresbewohner verfangen sich zudem in sogenannten „Geisternetzen", die von Schiffen verloren wurden und seitdem im Ozean treiben (vgl. Detloff, 2016). Laut Angaben des Umwelt Bundesamtes (2013) sind mindestens 136 marine Tierarten bekannt, die direkt durch das Fressen oder Verstricken in den Müllteilen gefährdet sind.

Eine weitere Bedrohung des marinen Ökosystems, und damit der Tierwelt, besteht aus „invasiven Organismen" (Umwelt Bundesamt, 2013, S. 2), die sich auf den Plastikteilen niederlassen und so in kurzer Zeit in fremde Lebensräume transportiert werden, wo sie sich ungehindert ausbreiten und heimische Arten vertreiben können. So wurden beispielsweise Entenmuscheln, die eigentlich in wärmeren Atlantikregionen beheimatet sind, plötzlich an die dänische Nordseeküste angespült. Die Entenmuscheln hatten sich auf im Ozean treibende Kunststofftauen angesiedelt und konnten so in fremde Lebensräume eindringen (vgl. Habel / Steinecke, 2016). Forschern bereitet jedoch eine „unsichtbare Gefahr" (Habel / Steinecke, 2016, S. 31), das sogenannte „Mikroplastik", noch weitaus größere Sorgen.

3.4 Mikroplastik

Am Strand oder im Meer wird der Plastikmüll mit der Zeit in immer kleinere Stücke zerlegt. Dies kann entweder auf chemische Weise, wie durch die UV-Einstrahlung und die Einwirkung des Salzes, oder auf mechanische Weise beim Aneinanderreiben der Plastikteile durch die Wellenbewegungen, vonstatten gehen. Diese Plastikteilchen werden als sekundäres Mikroplastik bezeichnet. Bei den Zerkleinerungsprozessen lösen sich die giftigen Weichmacher (siehe 3.5), die dem Kunststoff bei der Produktion beigemischt wurden, aus dem Material heraus (vgl. Habel / Steinecke, 2016). Primäres Mikroplastik dagegen gerät beispielsweise durch Transportverluste winzig kleiner, sogenannter Produktionspellets in die Ozeane. Diese Pellets bilden den Industriegrundstoff der Kunststoffproduktion (ebd.). Laut dem Biologen Richard Thompson besteht allein der Sand an Stränden der englischen Küste aus bis zu 10% dieser Pellets (vgl. Shafy, 2008). Weiter eingetragen wird das Mikroplastik durch die Verwendung von Kosmetikartikeln, die meistens kleinste, abschabend und schmirgelnd wirkende Plastikpartikelchen, sogenannte „Mikrobeads" (vgl. Habel / Steinecke, 2016) enthalten, so wie auch das von mir in der Einführung erwähnte Haarshampoo oder diverse Hautpeelings und Zahnpasten (vgl. Umwelt Bundesamt, 2013). Laut Angaben der Nichtregierungsorganisation Greenpeace (2014) bestehen manche Kosmetikprodukte bis zu 10% aus Mikroplastik. 60% aller produzierten Kleidungsstücke bestehen inzwischen aus Polyester (vgl. Salden, 2017). Von diesen Kleidungsstücken lösen sich bei jedem Waschgang bis zu 2000 Kunstfasern (vgl. Umwelt Bundesamt, 2013). Kläranlagen können die kleinen Partikel nur unzureichend aus dem Abwasser herausfiltern, sodass sie früher oder später in das Meer gespült werden (vgl. Detloff, 2016). Mikroplastik bereitet Wissenschaftlern und Meeresbiologen auch deshalb große Sorgen, da die kleinen Plastikpartikel zahllose Giftstoffe binden, wie beispielsweise DDT, ein krebserregendes Insektizid. Diese Stoffe steigen von unten durch das Plankton und

8

andere Mikroorganismen, welches das Mikroplastik mit Nahrung verwechseln, in die Nahrungskette auf (vgl. Pretting / Boote, 2010). Für Forscher ist es eine große zeitliche und finanzielle Herausforderung, die Menge und Herkunft des Mikroplastik zu erfassen, da sich aufgrund der kaum sichtbaren Größe der Mikroplastikpartikel die bisher gesammelten Daten zu Plastikmüll in den Ozeanen vor allem auf die Plastikteile ab 1 cm Größe beziehen. Eine „einheitliche und validierte Extraktions- und Identifizierungsmethode" (Habel / Steinecke, 2016, S. 28-29) konnte bisher noch nicht entwickelt werden. Die Eintragspfade sind unüberschaubar und machen einen Rückschluss auf die Quellen des Mikroplastik fast unmöglich (vgl. Habel / Steinecke, 2016). Im Bereich des Great Pacific Garbage Patch schwimmt heute nach Einschätzungen Charles Moores bereits sechzig mal so viel Mikroplastik wie Plankton (vgl. Pretting / Boote, 2010). In einem Liter Wasser befinden sich je nach Region also bis zu 1800 Plastikteilchen (vgl. Henninger / Kaiser, 2016). Das Mikroplastik konnte von Wissenschaftlern bereits im Gewebe von Miesmuscheln, aber auch in Hummern und Nordseefischen nachgewiesen werden. Letztendlich landen diese Giftstoffe durch den Verzehr dieser Tiere wieder auf unseren Tellern (vgl. Latif, 2014).

3.5 Plastik verändert die Hormone

Von Wissenschaftlern als besonders gefährlich eingestuft werden die sogenannten „Phthalate", besser bekannt unter dem Namen „Weichmacher", die als Additive den Kunststoffprodukten wie Polyvinylchlorid, kurz PVC, beigemengt werden. Dadurch werden dem Kunststoff Eigenschaften wie eine hohe Biegsamkeit, Dehnbarkeit oder Geschmeidigkeit verliehen (vgl. Umwelt Bundesamt, 2014). Laut des Industrieverbandes „European Council for Plasticisers and Intermediates" (ECPI) werden allein in Westeuropa pro Jahr etwa eine Million Tonnen Phthalate hergestellt. Diese kommen dann in Form von Kabeln, Folien, Bodenbelägen, Kunstleder oder Kinderspielzeug mit dem Verbraucher in Berührung (vgl. Friedrichs, 2016). Da die Weichmacher chemisch nicht gebunden sind, treten sie bei regelmäßigem Gebrauch durch Auswaschung, Ausdünstung oder Abrieb aus den Kunststoffprodukten heraus und werden über die Luft und die Nahrung oder über den Hautkontakt vom Körper aufgenommen. Bei fast jedem Menschen können heute Phthalate in Blut oder Urin nachgewiesen werden. Einige der Additive werden als erbgutschädigend, fortpflanzungshemmend und krebserregend eingestuft (vgl. Umwelt Bundesamt, 2007). Die Umweltwissenschaftlerin Susan Jobling hat sich auf die Untersuchung von Fischen in dreißig Flüssen Englands spezialisiert und dabei Erschreckendes feststellen müssen. Die Fische haben sich auf „seltsame Weise verändert" (Pretting / Boote, 2010, S. 95). Im Interview mit den Autoren des Buches Plastic Planet ist die Rede von sogenannten „Intersexfischen", die sowohl weibliche, als auch männliche Geschlechtsmerkmale in sich tragen. Dies deute darauf hin, dass die Phthalate, die über das Abwasser in die Flüsse geraten, starken Einfluss auf das hormonelle System der Tiere nehmen (vgl. Pretting / Boote, 2010). Ähnliche Erfahrungen macht die in der Genforschung tätige Patricia Hunt mit ihren Labormäusen, die mit der Zeit merkwürdig veränderte Eizellen produzierten. Diese Veränderungen kann sie schließlich auf die Verwendung der Plastikkäfige zurückführen, die durch Reinigungsmittel und jahrelangen Gebrauch spröde und rissig wurden, sodass die giftigen chemischen Substanzen in die Umwelt migrierten und dort von den Mäusen aufgenommen wurden (ebd.). Vor allem die chemische Verbindung Bisphenol A, die in Weichmachern enthalten ist, erwies sich nach einigen Studien als verantwortlich für die genetischen Veränderungen der Tiere. Da sich der Stoff östrogenähnlich verhält, kann er auch schon in einer sehr geringen Dosis die Wucherung von Krebszellen auslösen. Bisphenol A wird unter anderem für die Herstellung von Babyflaschen, Schüsseln, Wasserkanistern oder für die Beschichtung für Konservendosen verwendet (ebd.). Im Meer angelangt schädigt der Stoff das Erbgut und den Hormonhaushalt der Meeresbewohner nachhaltig (vgl. Detloff, 2012). Laut der Arbeitsgemeinschaft PVC und Umwelt e.V. (AGPU) wird Bisphenol A „wenn überhaupt, nur in sehr geringen Mengen" (Friedrichs, 2016) eingesetzt und ist „in seinen bestimmungsgemäßen Anwendungen sicher" (ebd.). Umweltmediziner Hans-Peter Huttner warnt jedoch vor dem sogenannten „Cocktail-Effect", der entsteht, wenn viele „sehr geringe Mengen" (Friedrichs, 2016) unterschiedlichster chemischer Substanzen im Körper zusammenwirken und die so unabschätzbare Folgen für den tierischen und menschlichen Hormonhaushalt mit sich bringen (vgl. Pretting / Boote, 2010).

4. Lösungsansätze und Gegenmaßnahmen

4.1 Regierung vs Kunststofflobby

Immer wieder versuchen multinationale Konzerne und Interessensverbände, wie die oben genannte AGPU, die Auswirkungen des Plastikmülls auf Mensch und Natur herunterzuspielen oder zu vertuschen (vgl. Pretting / Boote, 2010). Laut Angaben des Verbandes „PlasticsEurope" heißt es: „Mehrere hochwertige Studien zur Migration von BPA [Bisphenol A] unter Alltagsbedingungen wie Erhitzen, Bestrahlung in der Mikrowelle, Reinigen in der Geschirrspülmaschine, Spülen, Sterilisieren usw. zeigten wiederholt, dass die Migration von BPA aus Polycarbonat sehr gering ist und weit unter den von den Behörden ermittelten Sicherheitsgrenzwerten liegt. Für die Verbraucher bestehen daher bei normaler Verwendung der Produkte keine gesundheitlichen Risiken." (European Information Centre on Bisphenol A, o.J.). NGOs wie die Greenpeace fordern die

Regierungen immer wieder dazu auf, Grundsätze zur Unternehmensverantwortung und Schadenshaftung festzulegen. Dazu zählen unter anderem frequentiertere Kontrollen und eine stärkere Überwachung der internationalen Unternehmen (vgl. Greenpeace, 2002). Man plädiert für „möglichst niedrige [Grenz]Werte und das gänzliche Verbot besonders gefährlicher Substanzen" (Pretting / Boote, 2010, S.167) zum Schutz von Mensch und Umwelt. Die multinationalen Konzerne dagegen argumentieren mit der Gefährdung des Wirtschaftswachstums und dem Verlust unzähliger Arbeitsplätze durch die Einführung niedriger Grenzwerte für chemische Substanzen in Kunststoffprodukten und bemühen sich stets darum, Konsumenten zu beruhigen und die Vorteile der Plastikprodukte eindrucksvoll hervorzuheben (vgl. Pretting / Boote, 2010). Pretting und Boote vergleichen die groteske Situation treffend mit dem „Tauziehen verschiedener Interessensgruppen" (Pretting / Boote, 2010, S. 166-167), bei dem der Konsument lediglich der machtlose Zuschauer ist. Zwar gibt es einige internationale Abkommen und Gesetze, wie beispielsweise das „MARPOL-Abkommen", welches den Eintrag von Plastikmüll durch den Schiffsverkehr verhindern soll oder die auf der „5th International Marine Debris Conference 2011" beschlossene „Honolulu-Strategie" zum Stopp der Vermüllung der Ozeane bis zum Jahr 2030, jedoch konnte laut einem Bericht des NABU bisher kaum ein Gesetz oder eine Initiative die Verschmutzung der Meere durch Müll stoppen (vgl. Detloff, 2012). Die „Tatsache, dass die Müllmengen an der Nordseeküste bislang nicht abgenommen haben" (maribus gGbmH, 2010, S. 91) spricht für die fehlende Schlagkräftigkeit der internationalen Vereinbarungen. Vor allem Entwicklungsländer, wie beispielsweise Bangladesch, haben das MARPOL-Abkommen zwar unterzeichnet, können es jedoch nur unzureichend geltend machen. Schuld an der Verschmutzung sind auch fehlende Abfallwirtschaftssysteme in diesen Ländern (vgl. Moore, 2011). Die Problematik des „Mikroplastik" wird außerdem (noch) nicht in Gesetzestexten thematisiert (vgl. Stöven / Jacobs / Schnug, 2015).

Werner Boote, der Autor des Buches „Plastic Planet", hat sich sozusagen „undercover" als potentieller Kunde in einer Plastikfolienfabrik in Shanghai herumführen lassen. Es gelang ihm allerdings nicht, etwas über die Inhaltsstoffe des hergestellten Plastik herauszufinden. Diese Informationen seien geheim und nicht für die Herausgabe an Kunden gedacht. Boote muss also daraus schließen, dass selbst die Kunden, die die Plastikfolie in ihren Unternehmen zu Produkten weiterverarbeiten, nicht über genaue Angaben bezüglich der Zusammensetzung der Produkte verfügen (vgl. Pretting / Boote, 2010). In der Modeindustrie ist es ähnlich. Modeketten der sogenannten „Fast-Fashion-Industrie" (Salden, 2017, S.56), wie Primark, H&M oder Zara geben keine Informationen über den Verbrauch von Polyester und den tatsächlichen Anteil an Kunstfasern in den produzierten Kleidungsstücken heraus (vgl. Salden, 2017). Man will verhindern, dass sich der Konsument bewusst gegen oder für ein Produkt aufgrund der Inhaltsstoffe entscheiden kann. Am 1. Juli 2007 tritt eine neue EU-Verordnung in Kraft, die genau dies ändern soll. „Registration, Evaluation, Authorisation and Restriction of Chemicals", kurz REACH, gilt für alle Mitgliedsstaaten und legt fest, dass „Stoffe, von denen in Europa mindestens 1 Tonne pro Jahr hergestellt oder verwendet wird (...) seit dem Inkrafttreten der EU-Verordnung (...) bei der Europäischen Chemikalienagentur (ECHA) in Helsinki registriert werden" (Bundesinstitut für Risikobewertung, 2017) müssen. Stoffe, die vor 1981 erstmals hergestellt wurden, sogenannte „Altstoffe", sind bis heute nicht ausreichend auf ihre Umwelt- und Gesundheitsverträglichkeit geprüft worden (vgl. Pretting / Boote, 2010). Mit der neuen Verordnung sollen in Zukunft vor allem Stoffe, die als besonders gefährlich eingestuft werden, ein Zulassungsverfahren durchlaufen. Solche Stoffen können beispielsweise krebserregend, erbgutschädigend oder hormonell wirksam sein, was nicht nur die Gesundheit des Menschen betrifft, sondern auch die des Ökosystems Ozean und der darin lebenden Tiere und Pflanzen. Werden diese gefährlichen Stoffe trotz ihrer risikobehafteten Wirkung zugelassen, werden sie in einer „Kandidatenliste" auf der Homepage der ECHA veröffentlicht und so den Verbrauchern zugänglich gemacht (vgl. Bundesinstitut für Risikobewertung, 2017). Ein wichtiger Schritt, der durch diese Verordnung gegangen wurde, ist die Umkehr der Beweislast. Das Unternehmen muss nun, nach dem Prinzip „no data, no market", dafür Sorge tragen, dass die hergestellten Produkte aus Stoffen bestehen, die unbedenklich sind oder deren Gefahrenpotential innerhalb der vorgeschriebenen Grenzwerte liegt (vgl. Pretting / Boote, 2010). Eine solche Verordnung hätte eigentlich schon viel früher in Kraft treten sollen. Schon 1998 gab es seitens europäischer Umweltminister Bestrebungen zur Neuregelung der Gesetzeslage, um Umwelt und Verbraucher besser zu schützen (ebd.). Jedoch leugnet die Chemielobby, von der Greenpeace als „Toxic Lobby" bezeichnet, die Gefahrenpotentiale vehement und droht, wie oben bereits erwähnt, auf übertriebene Weise mit einer „wahre[n] Deindustrialisierung Europas" (Pretting / Boote, 2010, S. 172). Auch die deutsche BASF in Ludwigshafen war an der sogenannten „Anti-Reach Alliance" beteiligt. Mit der „Aktion Einspruch" bekämpften deutsche Chemiekonzerne, so die Vorwürfe der Greenpeace, auf aggressive Weise das Inkrafttreten der REACH-Verordnung mit unbegründeten und angstverbreitenden Argumenten (vgl. Contierto, 2006). Trotz der wissenschaftlich nicht bestätigten Argumenten und unzulässigen Studien gelingt es der Toxic Lobby die politischen Entscheidungsträger nachhaltig zu verunsichern. Außerdem wirft Greenpeace den Unternehmen vor, die Regierung mit all ihrer wirtschaftlichen Macht beeinflusst zu haben und auch von Finanzspritzen an einige politische Parteien durch die Konzerne ist die Rede (ebd.). Können wir uns als Verbraucher also überhaupt auf die Regierung verlassen?

4.2 Das Verbot der Plastiktüte

Zur Weihnachtszeit arbeitete ich als Aushilfskraft bei Depot, einer Ladenkette für Wohnaccessoires und Dekorationsobjekte. An der Kasse war ich auch für die Verpackung der gekauften Produkte zuständig. Plastiktüten müssen extra bezahlt werden, infolge der freiwilligen Selbstverpflichtung des Einzelhandels zur Reduktion des Plastiktütenverbrauchs. Je nach Größe kosten die Tüten zwischen 5 und 30 Eurocent. Während einige Kunden diese Neuerung akzeptierten und für die Tüte bezahlten oder sogar schon eine eigene Tüte von zuhause mitbrachten, wurde ich von einzelnen anderen, vorwiegend älteren Kunden, regelrecht beschimpft. Sie warfen dem Unternehmen unverschämte Geldmacherei unter dem Deckmantel des Umweltschutzes vor und verlangten eine kostenlose Tüte für ihren Einkauf. Dass der weltweite jährliche Plastiktütenverbrauch von Experten auf eine Billion Stück geschätzt wird (vgl. Latif, 2014) scheint diesen Kunden entweder unbekannt oder völlig egal zu sein. In Deutschland werden pro Jahr etwa 6,1 Milliarden Plastiktüten produziert, pro Minute sind das 11.700 Stück, von denen die meisten nur ein einziges Mal für etwa eine halbe Stunde genutzt werden. Laut Angaben der Deutschen Umwelthilfe e.V. (o.J.) werden allein in Berlin stündlich bis zu 30.000 Plastiktüten verbraucht. Damit sind Plastiktüten das Symbol schlechthin für die moderne Wegwerfgesellschaft (vgl. Deutsche Umwelthilfe, e.V, 2015). Deutschland gehört mit 76 Plastiktüten pro Kopf und Jahr neben Irland, Luxemburg und Österreich zwar zu den vergleichsweise geringen pro Kopf Verbrauchern, ist aufgrund seiner hohen Einwohnerzahl jedoch im absolut betrachteten Plastiktütenverbrauch neben Italien, Großbritannien und Spanien einer der Spitzenreiter Europas (ebd.). Ein Produktionsverbot von Plastiktüten gibt es in Deutschland bisher allerdings nicht (vgl. Budianto / Lippelt, 2010). Im April 2015 wurde jedoch eine neue EU-Richtlinie mit Vermeidungszielen und Maßnahmen gegen den hohen Plastiktütenkonsum verabschiedet, die für alle Mitgliedsstaaten gelten soll. Allerdings muss erst im Oktober 2021 ein Bericht der jeweiligen Länder vorliegen, in dem die Wirksamkeit der EU-Richtlinie zur Bekämpfung des Plastiktütenkonsums dokumentiert wird. Ein weiterer Schwachpunkt der Richtlinie besteht darin, dass die Reduktion des Plastiktütenkonsums in erster Linie auf die dünnwandigen Plastiktüten beschränkt ist. Die Hersteller können die Richtlinie also einfach durch die Produktion von Plastiktüten mit höherer Wandstärke umgehen (vgl. Deutsche Umwelthilfe, e.V., 2015). Ausnahmen in Europa sind die Mitgliedsstaaten Italien und Frankreich, die im Januar 2011, bzw. im Juli 2016 schon das gänzliche Verbot von Plastiktüten einführten, um die „unstillbare Sucht nach umweltschädlichen Plastiktüten" (Ricci, 2011) einzudämmen. Außerhalb Europas haben auch Länder, wie Eritrea, Äthiopien, Kenia, Indien, Bangladesch oder China infolge verheerender Abfallproblematiken ein striktes Verbot von Plastiktüten eingeführt. Gerade in den afrikanischen Ländern mangelt es jedoch meistens an Kontrollinstanzen und der rege illegale Handel von Plastiktüten auf dem Schwarzmarkt ist schwer zu verhindern (vgl. Budianto / Lippelt, 2010), obwohl Verstöße in manchen Ländern mit bis zu fünf Jahren Freiheitsstrafe sanktioniert werden (vgl. Pretting / Boote, 2010). Dennoch konnte durch die Verbote innerhalb eines Jahres der weltweite Verbrauch von Plastiktüten um 40 Milliarden Stück auf 3 Milliarden Stück täglich reduziert werden (ebd.). Als erstes Land weltweit führt Irland im Jahr 2002 eine vom Verbraucher zu leistende Abgabe pro Plastiktüte ein und konnte damit den Plastiktütenkonsum innerhalb eines Jahres um 90% senken (vgl. Budianto / Lippelt, 2010). Pro Einwohner und Jahr werden seitdem statt 328 Plastiktüten nur noch 16 Stück benutzt (vgl. Deutsche Umwelthilfe, e.V., 2015). Laut der Deutschen Umwelthilfe e.V. (2015) würde die Einführung einer Abgabe in Deutschland die starke Reduzierung der Einwegtüten in Deutschland begünstigen und damit eine Einsparung von insgesamt 184.000 Tonnen Kunststoff jährlich erreichen. Durch die Einnahmen könnte der Staat Abfallvermeidungskampagnen finanzieren, die Produktion von Verpackungsalternativen fördern oder Entsorgungstechniken weiter ausbauen. Rund 240 Unternehmen haben sich deutschlandweit zur freiwilligen Selbstverpflichtung entschieden und verlangen seit 1. Juni 2016 eine Abgabe von rund 20 Eurocent pro Einwegtüte (vgl. Timmler, 2016). Die Unternehmen erhoffen sich dadurch vor allem in Sachen Umweltschutz Vorbild zu sein und auf diesem Gebiet konkurrenzfähig zu bleiben (vgl. Deutsche Umwelthilfe, e.V., 2015). Die Herausgeber der „Plastics BAN List" fordern darüber hinaus die Kunststoffproduzenten zur freiwilligen Selbstkontrolle, Datentransparenz und Verantwortungsübernahme für ihre Plastikprodukte auf. Laut umfangreicher Datensammlungen sind vor allem Unternehmen wie Starbucks, Caprisonne, McDonalds und andere Fast-Food-Ketten die Anführer unter den Müllproduzenten. Für Rührstäbchen, Becherdeckel, Strohhalme und Einpackpapier aus Plastik gibt es laut „Plastics BAN List" bessere Alternativen und Möglichkeiten der Reduzierung des Plastikmülls, wie etwa Rührstäbchen aus Holz, die Herausgabe von Strohhalmen nur auf Anfrage, das Abfüllen des Kaffees in vom Kunden mitgebrachte, wiederverwendbare Behälter, was bei Starbucks inzwischen möglich ist, oder schlicht das Verzichten auf diese Einweg-Produkte auch durch den Verbraucher selbst (vgl. Eriksen / Prindiville / Thorpe, o.J.).

4.3 Der Recycling-Mythos

Abhilfe beim Lösen des Plastikmüllproblems schafft, wenn auch in eher eingeschränkter Hinsicht, das Recyceln der Kunststoffe, das fest in den EU-Richtlinien verankert ist. Definiert wird Recycling nach § 3 Abs. 25 des deutschen Kreislaufwirtschaftsgesetzes als „jedes Verwertungsverfahren, durch das Abfälle zu Erzeugnissen, Materialien oder

Stoffen entweder für den ursprünglichen Zweck oder für andere Zwecke aufbereitet werden." (Bundesministerium der Justiz und für Verbraucherschutz, 2012, S. 8). Durch Recycling wird ein großer Beitrag zur Ressourcenschonung und zum Klimaschutz beigetragen (vgl. Friege, 2014). Weltweit liegt die Recyclingrate jedoch bei gerade einmal 1-3% und selbst in Europa bei nur 6,6% (vgl. Bio Intelligence Assessment, 2011). Im Vergleich mit den Ländern der EU ist Deutschland Spitzenreiter in Sachen Recycling von Siedlungsabfällen. Nach Angaben des Umwelt Bundesamtes (2017) sind in Deutschland im Jahr 2015 etwa 5,92 Millionen Tonnen Kunststoffabfälle angefallen von denen 46% werk- oder rohstofflich wiederverwertet wurden. 53% landeten zur energetischen Verwertung auf Müllverbrennungsanlagen und nur 1% auf grundwassergefährdenden Mülldeponien, die es in Deutschland seit dem 1. Juni 2005 nicht mehr gibt (vgl. Friege, 2014). 90% der weltweit produzierten Plastiktüten landen jedoch auf Mülldeponien (vgl. Budianto / Lippelt, 2010). Kaum verwunderlich ist daher, dass auch die Weltmeere über die Jahre hinweg ungehindert zu riesigen Müllhalden wurden (vgl. Henninger / Kaiser, 2016). Länder wie Rumänien, Bulgarien oder Litauen entsorgen teilweise immer noch bis zu 100% ihres Abfalls auf Mülldeponien, da dies meist die billigere „Entsorgungsvariante" ist (vgl. Eurostat, 2012). Die Verwertung ist mit großen technologischen Herausforderungen und ökonomischen Risiken verbunden (vgl. Friege, 2014), denn bei der werkstofflichen Verwertung von Kunststoffen gibt es zahlreiche Hindernisse. Für die Entsorger ist es meistens billiger, den Müll zu verbrennen, anstatt ihn aufwändig zu recyceln; es herrscht ein Konkurrenzkampf zwischen der Recycling-Branche und den Müllverbrennungsanlagen (vgl. Siewert / Müller, 2014). Zudem sind die Abfälle oftmals so stark mit Schadstoffen belastet, dass sie nicht mehr für die Gewinnung von Wertstoffen für neue Produkte zu gebrauchen sind und deshalb ohnehin verbrannt werden müssen. Das Risiko, dass gefährliche Stoffe in neuen Produkten in den Umlauf kommen, ist zu groß. Oftmals besteht durch den globalen Handel auch die Gefahr, dass Stoffe in die werkstoffliche Verwertung eingeschleust werden, die heute in Deutschland nicht mehr zulässig sind (vgl. Friege, 2014). Ein weiterer Punkt ist die schwierige Sortierbarkeit der einzelnen Stoffe. Zum Einen kommen immer wieder Produkte mit neuen Materialkombinationen auf den Markt, die eine Überforderung der vorhandenen Sortiertechniken zur Folge haben und somit gar nicht oder nur mit sehr hohem technischen und finanziellen Aufwand getrennt werden können. Zum Anderen besteht vor allem in Großstädten eine hohe Fehlwurfquote von bis zu 50% (ebd.).

Die Güte des Materials lässt bereits nach dem ersten Gebrauchszyklus stark nach. Man spricht nun vom sogenannten sekundären Rohstoff, der entweder mit neuem Plastik vermischt wird oder als Material für „Low-Tech-Gegenstände", wie Parkbänke oder Bodenschwellen verwendet wird. Die recycelten Kunststoffe befinden sich also in einer

„Abwärtsspirale Richtung Wertlosigkeit" (Pretting / Boote, 2010, S. 183) und landen früher oder später auf der Müllverbrennungsanlage oder geraten in die Umwelt und damit auch in die Meere. Treffender könnte man also den Begriff „Downcycling" statt „Recycling" verwenden (vgl. Pretting / Boote, 2010). Mit dem Einsatz von Kunstfasern sind auch Textilien längst dem Wegwerfkonsum zum Opfer gefallen, was den Textilienmüllberg kontinuierlich wachsen lässt. Mit rund einer Million gesammelten Tonnen Altkleider ist Deutschland erneut Spitzenreiter im Recycling. Allerdings kann auch hier wieder nur von einem „Recycling-Mythos" (Salden, 2017, S.58) die Rede sein. Etwa die Hälfte der Altkleider werden dem globalen Secondhandmarkt zugeführt, der allerdings vor allem in Afrikanischen Ländern bereits mehr als gesättigt ist. Der Rest wird „recycelt", wobei auch hier der hohe Kunststoffanteil in den Textilien ein großes Hindernis darstellt, sodass die Altkleider geschreddert und meist als Dämmmaterial benutzt werden. Man kann also wieder eher von einem „Downcycling" sprechen. Nur ein sehr geringer Anteil der Textilfasern aus Altkleidern wird tatsächlich wieder zur Produktion neuer Textilien verwendet (vgl. Salden, 2017). H&M gilt auf diesem Gebiet als Vorzeigeunternehmen, da der Konzern eine hohe Menge an recyceltem Polyester verarbeitet. Tatsächlich handelt es sich bei dieser „hohen Menge" um gerade einmal 1% der Gesamtproduktion, die aus recycelten Kunstfasern bestehen (vgl. Salden, 2017). Adidas wirbt neuerdings mit einer Kollektion an Sportschuhen, die zu 95% aus Plastikmüll, der aus dem Ozean geborgen wurde, hergestellt sind (vgl. McAlone / Hunter, 2016). Salden prangert jedoch an, dass solche Aktionen „mehr als Marketinggag denn als massentaugliche Alternativen zu verstehen sind." (Salden, 2017, S. 58). Letztendlich stoßen Recyclingprodukte auch beim Verbraucher auf Vorbehalte. Friese spricht hier vom „Schmuddelimage" (Friege, 2014, S. 32), das den „Werkstoffen aus zweiter Hand" (ebd.) angelastet wird. Entkräftet werden kann diese Annahme dennoch durch die Tatsache, dass unter den Verbrauchern immerhin ein Anteil von 34% beim Einkauf auf den „Blauen Engel" achtet, der Produkte auszeichnet, die aus Sekundärrohstoffen hergestellt wurden (vgl. Friege, 2014).

4.4 Der Cradle-to-Cradle Ansatz

Einen Gegenansatz zum Wegwerfprinzip entwarfen der Chemiker Prof. Dr. Michael Braungart und der Architekt William McDonough in den 90er Jahren. Sie entwickelten nach dem Prinzip „waste equals food" (Abfall ist Nahrung) (vgl. Braungart / Donough, 2009) ein Designkonzept, dem die Idee des potentiell unendlichen Kreislaufs der Materialien und Nährstoffe zu Grunde liegt. „Cradle to Cradle", übersetzt „Von der Wiege zur Wiege" orientiert sich an der Natur, in der es keinen Abfall gibt, der nicht als Nahrungsquelle für andere Organismen fungieren kann. Im Vergleich dazu gilt beim

Recycling das Prinzip des „Cradle-to-Grave", übersetzt „Von der Wiege ins Grab" (vgl. Braungart / Donough, 2009), da die Kunststoffe früher oder später auf der Müllverbrennungsanlage landen. In Zukunft sollen Produkte also so hergestellt werden, dass sie nach ihrem Gebrauch entweder wieder problemlos der Umwelt zugeführt werden können und somit Teil des biologischen Kreislaufs sind oder als Teil des technischen Kreislaufs sortenrein auseinandergebaut und wiederverwendet werden können, ohne dass es zum Verlust der Wertstoffe kommt (vgl. EPEA, o.J.). Braungart und McDonough fordern nicht etwa, die industrielle Produktion zurückzuschrauben, sondern sie vielmehr an den Prinzipien der Natur auszurichten und weiter anzukurbeln. Als Beispiel für die Ausrichtung an der Natur wird die Fülle der Bäume auf der Erde genannt, deren Existenz und Vermehrung für uns - im Gegensatz zur Existenz und Vermehrung des Plastikmülls - alles andere als schädlich ist (vgl. Braungart / McDonough, 2009).

4.5 Biokunststoff – eine Alternative?

Johann Zimmermann ist der Geschäftsführer der Firma „NaKu", kurz für „Natürliche Kunststoffe", ein 2007 gegründetes Unternehmen zur Herstellung von Biokunststoff (vgl. NaKu, o.J.). Er erläutert den Autoren des Buches Plastic Planet die Vorteile seines Produktes: „Der Kunststoff, den wir hier zu Folien und Tragetaschen verarbeiten, zersetzt sich. Das heißt, wenn er in der Umwelt liegen bleibt oder ins Meer gespült wird, baut sich das Material wesentlich schneller ab als herkömmliches Plastik." (vgl. Pretting / Boote, 2010). Das klingt auf den ersten Blick nach einer plausiblen Lösung, die vor allem die Problematik der Beständigkeit der Kunststoffe gerade im Hinblick auf die Verschmutzung der Ozeane, betreffen könnte. Doch wie so oft, ist der Sachverhalt in der Praxis leider etwas komplizierter.

Seit der Erfindung von Kunststoffen auf Basis fossiler Rohstoffe, werden rund 4-6% der weltweit geförderten Erdölmenge für die industrielle Produktion der Kunststoffe verwendet (vgl. Pretting / Boote, 2010). Bis in die 1930er Jahre wurden Kunststoffe ausschließlich aus nachwachsenden Rohstoffen hergestellt. Celluloid beispielsweise, das bis heute in der Herstellung von Tischtennisbällen Verwendung findet, besteht hauptsächlich aus pflanzlichen Zellwänden (ebd.). Infolge abfallwirtschaftlicher Probleme und der Knappheit fossiler Rohstoffe, setzt die Industrie seit einiger Zeit wieder vermehrt auf die Produktion von umweltschonenden Kunststoffprodukten aus nachwachsenden Rohstoffquellen, die sich unter dem Namen „Biokunststoffe" heute vor allem in der Verpackungs- und Cateringbranche erfolgreich vermarkten lassen. Diese Biokunststoffe seien biologisch abbaubar und daher besonders umweltfreundlich (vgl. Beier, 2009). Gerhard Kotschik, Verpackungsexperte im Umwelt Bundesamt, warnt jedoch vor einer

Mogelpackung: „Nicht jeder Kunststoff aus nachwachsenden Rohstoffen ist biologisch abbaubar. Genauso sind nicht alle biologisch abbaubaren Kunststoffe aus nachwachsenden Rohstoffen hergestellt." (vgl. Umwelt Bundesamt, 2015). Grundsätzlich lassen sich Biokunststoffe in drei Kategorien einteilen. Naturfaserverstärkte Kunststoffe, die neben herkömmlichen Kunststoffen wie Polyethylen, beispielsweise aus Hanf- oder Flachsfasern hergestellt werden, zählen zu den **biologisch nicht abbaubaren Kunststoffen aus nachwachsenden Rohstoffen**. Die zweite Gruppe bilden die **biologisch abbaubaren Kunststoffe aus nachwachsenden Rohstoffen**, die entweder pflanzlichen oder tierischen Ursprungs sein können oder aus Mikroorganismen, wie Milchsäure, hergestellt werden. Zu 80% besteht die Biokunststoffproduktion aus Kunststoffen pflanzlichen Ursprungs, die vor allem mit Stärke aus Mais, Weizen oder Kartoffeln hergestellt werden. Kunststoffe tierischen Ursprungs bestehen aus Chitin oder Proteinen. Schließlich gibt es noch die Gruppe der **biologisch abbaubaren Kunststoffe aus fossilen Rohstoffen**, die laut Umwelt Bundesamt jedoch als besonders kritisch eingestuft werden müssen, da sie weder ressourcenschonend sind, noch werkstofflich verwertet werden können und somit einen hohen Beitrag zum Treibhauseffekt zur Folge haben (vgl. Beier, 2009). Generell schneiden Biokunststoffe hinsichtlich ihrer ökologischen Bewertung nicht unbedingt besser ab als Kunststoffe aus fossilen Rohstoffen. Beispielsweise müssen den Biokunststoffen bis zu 50% fossile Zusatzstoffe und Additive beigemengt werden, um den Eigenschaften der herkömmlichen Kunststoffen zu entsprechen. Recyclingverbände bezeichnen die Biokunststoffe als „Störstoffe", die den Recyclingprozess unnötig erschweren und damit sogar die Recyclingkosten erhöhen (ebd.). Die biologische Abbaubarkeit sei ohnehin nicht unmittelbar gegeben, da sich die Biokunststoffe, die von den Herstellern oft als „kompostierbar" beworben werden, nur langsam und nur unter bestimmten Bedingungen tatsächlich zersetzen und somit das Problem der Landschaftsvermüllung zusätzlich ankurbeln (ebd.). Außerdem entstehen bei der Zersetzung des Biokunststoffes keine Nährstoffe für Pflanzen oder andere Stoffe, die für die Bildung von Humus von Bedeutung wären (vgl. Deutsche Umwelthilfe, e.V., 2015). Die Bundesgütegemeinschaft Kompost e.V. warnt nach ausführlichen Studien vor der „Gefahr steigender Verunreinigungen" (Siebert, 2009, S.4), wenn Verbraucher in Zukunft Biokunststoffe fälschlicherweise in der Biotonne entsorgen. Das Umwelt Bundesamt sieht Vorteile ausschließlich im biologisch nicht abbaubaren Kunststoff aus nachwachsenden Rohstoffen, da hier fossile Ressourcen geschont werden und die CO_2-Bilanz verbessert wird. Eher kritisch steht es den biologisch abbaubaren Biokunststoffen auf Basis nachwachsender Rohstoffe gegenüber, da es zum einen noch an genauen Untersuchungen und Studien zur Umweltverträglichkeit des Kunststoffes fehlt und die

Kompostierung der Kunststoffe, wie bereits erwähnt, als eher umweltschädliche Verwertung eingestuft wird, da diese sehr viel langsamer verrotten, als die üblichen Kompostierabfälle (vgl. Beier, 2009). Ein weiterer Nachteil besteht darin, dass beispielsweise der Stärkelieferant Mais, der für die Produktion der Biokunststoffe verwendet wird, nun nicht mehr nur als Nahrungs- und Futtermittel angebaut wird, sondern als Industrierohstoff verwertet wird, was zum einen eine „landwirtschaftliche Flächenkonkurrenz" (Pretting / Boote, 2010, S. 178) und zum anderen den vermehrten Anbau genmanipulierter Sorten zur Folge hat (vgl. Pretting / Boote, 2010). Außerdem prangern Pretting und Boote an, dass die Bioplastikbranche an der Ersetzung des herkömmlichen Kunststoffes und damit an einer Produktionssteigerung interessiert ist und nicht an der Reduktion des Verpackungsaufkommens (ebd.). Biokunststoff kann also keine langfristige Lösung des Problems sein.

4.6 Initiativen durch Nichtregierungsorganisationen

Eine Nichtregierungsorganisationen (NRO) ist per Definition eine „nichtstaatliche Vereinigung, die sich in der Entwicklungshilfe engagiert" (Leser, 2005, S.611). Sie zeichnet sich vor allem durch eine „Entwicklung von unten" (ebd.) aus. Eine Entwicklung also, die vom Engagement der Bevölkerung ausgeht. Laut Definition des Bundesministeriums für wirtschaftliche Zusammenarbeit und Entwicklung hat sich der Begriff NRO im allgemeinen Sprachgebrauch vor allem für Vereine und Organisationen durchgesetzt, die sich, unabhängig vom Staat und nicht an Gewinn interessiert, vor allem in der Umwelt- und Menschenrechtspolitik engagieren (vgl. Bundesministerium für wirtschaftliche Zusammenarbeit und Entwicklung, 2017). Heute gebräuchlich ist der englischsprachige Begriff Non-Governmental-Organisation (NGO).

4.6.1 Fishing for litter

„Fishing for Litter" ist eine 2010 ins Leben gerufene Initiative des NABU Deutschlands. Sie orientiert sich an Projekten der Organisation „Kommunenes Internasjonale Miljø-Organisasjon" (KIMO) (vgl. Detloff, 2016), die schon seit 2003 erfolgreich in Schottland, England, den Niederlanden, Belgien und Schweden durchgeführt werden (vgl. Dau, et al., 2014). Grundlegend werden drei Hauptziele verfolgt: Erstens soll der Müll im Meer reduziert werden. Zweitens soll die Öffentlichkeit und die Industrie auf die Problematik aufmerksam gemacht und sensibilisiert werden und drittens sollen umfangreiche Daten über die Eintragsquellen und die Zusammensetzung des Mülls erhoben werden (ebd.). Dazu wird in den Pilotregionen die Infrastruktur der Abfallentsorgung an den Fischereihäfen durch die Bereitstellung von Müllcontainern ausgebaut. Fischer, die sich an dem Projekt ehrenamtlich beteiligen, können dort ihren „Beifang" aus Müll kostenlos entsorgen, was vorher nicht möglich war (vgl. NABU, 2010). An Bord stehen den Fischern außerdem Schüttgutsäcke, sogenannte „Big Bags", zur Verfügung, in denen der Müll während den Fischereiaktivitäten gesammelt werden kann (vgl. Dau, et al., 2014). Erste Pilotregionen in Deutschland waren der Hafen in Burgstaaken auf Fehmarn, in Sassnitz auf Rügen und in Heiligenhafen im Frühjahr 2011. Eine weitere Pilotphase folgte 2013-2014 in der Küstenregion Niedersachsens und 2015 an der Westküste Schleswig-Holsteins (ebd.). Laut Abschlussbericht des Pilotprojektes in Niedersachsen konnten durch die 91 beteiligten Fischkutter innerhalb der zwei Pilotjahre insgesamt 7,1 Tonnen Müll aus der Nordsee geborgen werden, die im Anschluss analysiert und kategorisiert wurden. Bei 95,2% des Mülls handelte es sich um Kunststoffe, die mittels eines Hand-Nah-Infrarot-Spektrometers den einzelnen Plastiksorten zugeordnet werden konnten. Insgesamt wurden 16.027 Müllteile untersucht. Die meisten davon konnten den Kategorien „Plastik- und Styroporteile 2,5-50cm" und „Netz- und Tauknäuel" mit dem jeweiligen Anteil von einem Drittel zugeordnet werden. „Nahrungsmittel- und Fastfood-Behälter" waren mit einem Anteil von 8% relativ stark vertreten. Es folgten Plastiktüten aller Art mit einem Anteil von 7% (ebd.). Insgesamt konnte für 36% der untersuchten Müllteile die Fischerei verantwortlich gemacht werden, während 24% durch den Tourismus und Freizeitaktivitäten und 7% durch den Schiffsverkehr eingetragen wurden. Die restlichen 38% konnten keiner spezifischen Quelle zugeordnet werden (ebd.). Zusammenfassend lässt sich das Projekt als Erfolg verbuchen, da sehr umfangreiche Daten erhoben werden konnten und die Bevölkerung durch intensive Öffentlichkeitsarbeit aufmerksam gemacht wurde. Die ehrenamtlich engagierten Fischer wünschen ausdrücklich die Weiterführung des Projektes (ebd.). Erdrückend ist jedoch die Tatsache, dass innerhalb eines Jahres im Rahmen des Projektes nach meinen eigenen Berechnungen nur etwa 0,000178% der jährlich in die Nordsee eingetragenen 20.000 Tonnen Plastikmüll entfernt werden konnten. Die 7,1 Tonnen Müll, die innerhalb der zwei Pilotjahre aus der Nordsee gefischt wurden, dürften somit eher symbolischen Charakter haben.

4.6.2 The Ocean Cleanup

Der Niederländer Boyan Slat ist erst 22 Jahre alt und jetzt schon die Hoffnung einer ganzen Generation, wenn es um die Lösung für die Plastikmüllproblematik in den Ozeanen geht (vgl. Finger, 2014). Slat ist erschüttert, als er beim Tauchen in Griechenland mehr Plastikteile als Fische im Meer erblickt und beschließt daher kurzerhand, eine Vorrichtung zu konstruieren, die es ermöglicht, den Plastikmüll in den Ozeanen abzufischen. 2013 gründet er sein Unternehmen „The Ocean Cleanup" und bereits ein Jahr später arbeiten knapp 100 Wissenschaftler und Forscher an einer

Machbarkeitsstudie seines Projektes mit. Am 3. Juni 2014 wird schließlich die 528-seitige, durch Crowdfunding finanzierte Machbarkeitsstudie veröffentlicht, die belegt, dass Slats Konstruktion etwa 10 Jahre nach der Installation im Ozean knapp die Hälfte des Plastikmülls im Great Pacific Garbage Patch entfernt haben könnte. Die Kosten für dieses Verfahren, die durch Spendengelder und Crowdfunding finanziert werden sollen, belaufen sich nach aktuellen Kalkulationen auf etwa 317 Millionen Euro, was laut eigenen Angaben im Vergleich zu konventionellen Methoden sehr viel günstiger sei (vgl. Slat / Jansen / de Sonneville, 2014). Zwei jeweils 50km lange Fangarme sollen in 120-Grad-winkliger Ausrichtung auf der Meeresoberfläche schwimmen und den Müll abfangen, bevor dieser auf den Meeresgrund absinkt. Der Müll bleibt an der Barriere hängen und treibt dann ins Zentrum der Anlage, wo er gesammelt und komprimiert wird. Acht mal im Jahr soll der gesammelte Müll von Schiffen abtransportiert und an Land gebracht werden, wo er dann Recyclinganlagen übergeben wird. Die Fangarme sind im Meeresgrund fixiert und sollen so dem turbulenten Seegang und schweren Stürmen standhalten. Die semipermeable Barriere aus Kunststoff ragt drei Meter unter die Meeresoberfläche und kann selbst kleinste Plastikpartikel auffangen. Tiere können darunter hindurchtauchen und verfangen sich nicht darin, wie es bei Netzen der Fall wäre (vgl. The Ocean Cleanup, 2015). Betrieben wird die Anlage mit Solarenergie (vgl. Finger, 2014).

Abb. 2: Boyan Slats erster Ocean Cleanup Prototyp in der Nordsee

Durch die Veröffentlichung der Machbarkeitsstudie konnten viele Zweifel und Warnungen von Kritikern zurückgewiesen werden, die das Projekt zunächst als naive und wirkungslose Träumerei bezeichneten (ebd.). Experten bemängeln beispielsweise die unzureichende Verankerung im Meeresboden. Durch heftige Stürme könnte die Vorrichtung leicht herausgerissen werden, außerdem könne die Barriere auf Grund der

Verkrustung durch Meeresorganismen schnell beschädigt werden. Die US-amerikanischen Meeresforscherinnen Miriam Goldstein und Kim Martini warnen außerdem vor der Illusion, dass eine solch komplexe Problematik auf eine so simple Art gelöst werden könne (vgl. Zierul, 2014). Daher begann Slat zunächst mit der Sammlung umfangreicher Daten zum Plastikmüll in den Ozeanen. Im August 2015 startet er, laut eigener Angaben auf der Homepage des Unternehmens, die weltweit größte Forschungsexpedition, die jemals auf offenem Meer stattgefunden hat. Mit 30 Schiffen werden rund 3,5 Millionen Quadratkilometer des Great Pacific Garbage Patch zwischen Hawaii und Kalifornien untersucht. Die Schiffe sind mit Schleppnetzen ausgestattet, die das Plastik unter der Meeresoberfläche abfangen. Erschreckendes Ergebnis der Exploration ist, dass die Konzentration des Plastikmülls im untersuchten Bereich bisher unterschätzt wurde (vgl. The Ocean Cleanup, 2017c). Das eingefangene Plastik wird im Anschluss in Laboren untersucht und kategorisiert. Um die Beständigkeit der Barrieren zu testen, installiert Slat im Sommer 2016 einen 100 Meter langen Prototyp in der Nordsee, etwa 23 km von der niederländischen Küste entfernt (vgl. The Ocean Cleanup, 2017a). Sensoren überwachen die Ereignisse auf See. Anhand der gesammelten Daten soll die Konstruktion verbessert und noch resistenter gegen Stürme auf dem Pazifischen Ozean gemacht werden. Außerdem wird im Vorhinein und parallel dazu anhand eines Ozeanmodells in Form eines riesigen Wasserbassins der Forschungsinstitution MARIN (Maritime Research Institute Netherlands) die Widerstandsfähigkeit der Anlage gegen Wellen jeglicher Größe getestet und verbessert (vgl. The Ocean Cleanup, 2017b). Mit ausgereiften Computersimulationen versucht man die optimale Position im Ozean zu orten und das optimale Design des Systems zu entwickeln. Mittlerweile arbeiten Teams aus 44 hochspezialisierten Experten aus vielen verschiedenen Bereichen, sowie etwa 100 Freiwillige an der Umsetzung des Projektes zusammen (The Ocean Cleanup, 2015), das trotz allen kritischen Stimmen für das Jahr 2020 angesetzt ist (vgl. The Ocean Cleanup, 2017a).

4.6.3 Sammelaktionen und Strandmonitoring

Seit 1984 organisiert die Umweltorganisation „Ocean Conservancy" jedes Jahr den „International Coastal Cleanup Day" (ICC), an dem jedes Mal unzählige Freiwillige auf der ganzen Welt teilnehmen, um die Strände und Flussufer ihres Heimatortes vom Müll zu befreien, der dort angespült oder von rücksichtslosen Menschen liegen gelassen wurde. Auch der NABU Deutschland nimmt seit sechs Jahren an der Aktion teil und entwickelte so das Projekt „Meere ohne Plastik" auf der Insel Fehmarn (vgl. NABU, 2014). Im Jahr 2015 beteiligten sich knapp 800.000 Freiwillige aus 153 Ländern am

International Coastal Cleanup Day. Unter den Freiwilligen waren auch 627 Deutsche, die insgesamt 827 Kilogramm Müll sammeln konnten. Das am stärksten vertretene Land war mit 256.904 Personen und 301.772 Kilogramm gesammeltem Müll die Philippinen (vgl. Ocean Conservancy, 2016b). Im Report des ICC von 2015 wird die Anzahl der Plastikfunde veröffentlicht. Insgesamt konnten durch die Aktion im Jahr 2015 über 8000 Tonnen Müll gesammelt werden. Spitzenreiter unter den aufgesammelten Plastikteilen sind Zigarettenfilter mit etwa 2,1 Millionen Stück. Es folgen knapp über eine Million Plastikflaschen und 888.589 Lebensmittelverpackungen. Die dünnwandigen Plastiktüten belegen mit etwa 402.122 Stück den 8. Platz. Unter der Kategorie „Global Weird Finds" werden außerdem die skurrilsten Funde dokumentiert. So wurden während der Sammelaktion unter anderem 39 Klobrillen, 28 Kühlschränke, 149 Einkaufswägen, ein Stethoskop und eine Voodoo-Puppe geborgen (vgl. Ocean Conservancy, 2016b). All diese gesammelten Daten werden im „Ocean Trash Index" festgehalten und ausgewertet. Nicholas Mallos, der Leiter des Programms, verkündet auf der Homepage der Ocean Conservancy stolz, dass innerhalb der letzten 30 Jahre durch etwa 11,5 Millionen Freiwillige insgesamt über 225 Millionen Müllteile gesammelt werden konnten, sodass nicht nur die Strände und Flussufer vom Schmutz befreit wurden, sondern auch diese umfangreiche Datenbank angelegt werden konnte (vgl. Ocean Conservancy, 2016a). Auf der Homepage der Ocean Concervancy findet man eine Karte, auf der alle Orte aufgelistet sind, die sich jedes Jahr am International Coastal Cleanup Day beteiligen. Der ICC dieses Jahr findet am 16. September statt. Die Organisation fordert aber auch dazu auf, außerhalb des ICC Eigeninitiative zu ergreifen und eigene „Cleanups" zu organisieren. Hierfür gibt es sogar eine eigens entwickelte App namens „Clean Swell", die den Freiwilligen das Auflisten der gesammelten Müllteile und das anschließende Abschicken der Daten an die Organisation erleichtert (vgl. Ocean Conservancy, 2017). Eine weitere Möglichkeit, Müll zu sammeln und Daten zu erfassen, besteht durch das sogenannte „Spülsaum-Monitoring", das der NABU seit einigen Jahren auf den Ostseeinseln Fehmarn und Rügen praktiziert. In verschiedenen Naturschutzgebieten werden repräsentative Strandabschnitte, die etwa 100 Meter lang sind, ausgewählt und von Müll befreit. Anschließend werden die Funde sortiert und in 116 verschiedene Kategorien eingeteilt. Auf diese Weise lässt sich laut Bericht auf der Homepage des NABU nicht nur die Zusammensetzung des Mülls bestimmen, sondern auch eine gewisse Saisonalität feststellen, die durch touristische Aktivitäten zu begründen ist. Beispielsweise werden im Herbst nach der Badesaison besonders viele Zigarettenfilter und Süßigkeitenverpackungen gefunden. Die Aktion findet einmal im Quartal statt und wird von den jeweiligen lokalen NABU Kreisverbänden betreut (vgl. NABU, 2014).

4.6.4 Weitere Beispiele

"Ich will ein segelndes Mahnmal setzen", sagt der damals 30-jährige Umweltaktivist David de Rothschild, der aus einer Bankierfamilie stammt (Schultz, 2009). Mit einem 20 Meter langen Katamaran, zusammengebaut aus 12.000 Plastikflaschen, die miteinander verschmolzen wurden, segelt er mit einer sechs Mann starken Crew im März 2010 etwa 18.000 Kilometer über den Pazifik von San Francisco nach Sydney. An Bord sind auch zwei Enkel des berühmten Forschungsreisenden Thor Heyerdahl (vgl. Letz, 2010), der 1947 auf einem Floß aus Balsa-Holz, das er nach einer Gottheit der Inka „Kon-Tiki" nannte, den Pazifik überquerte (vgl. Heyerdahl, 1985). David de Rothschild nennt sein Plastikboot „Plastiki", in Anlehnung an Heyerdahls Balsafloß (vgl. Letz, 2010). Anders als viele Öko-Aktivisten, möchte de Rothschild vor allem durch „Drama" und „Event" für mediale Aufmerksamkeit für sein Projekt sorgen. Er will den „Umweltschutz als Abenteuer" (Schultz, 2009) verkaufen und so der Moralisierung der Problematik entgegenwirken. Außerdem verurteilt er denn Müll nicht als „Feind", sondern sieht darin einen „Rohstoff kreativer Gestaltung" (Schultz, 2009). Finanziert wird der Bau der „Plastiki" durch Fördergelder, die in den siebenstelligen Bereich ragen (vgl. Letz, 2010). Auf seiner Website fordert de Rothschild jeden Besucher dazu auf, ein „Versprechen" abzulegen, beispielsweise auf den Konsum von Plastikflaschen zu verzichten. Denn alle 8,3 Sekunden, so lautet es zumindest auf seiner Website, wird genau die Anzahl an Plastikflaschen weggeworfen, die er auch für den Bau seines Bootes benötigt hat (vgl. My Plastiki, 2012).

Ein ähnliches Abenteuer unternimmt Marcus Eriksen schon 2003. Der ehemalige Golfkrieg-Veteran, Evolutionspsychologe und Paläontologe segelt auf einem Boot aus 232 Plastikflaschen auf dem Mississippi von Minnesota zum Golf von Mexiko. Was er auf seiner Fahrt sieht, gleicht einem „never ending trail of plastic pollution" (Eriksen, 2017), einem nicht enden wollendem Weg der Verschmutzung durch Plastik. Daraufhin beschließt er, sich näher mit der Problematik auseinander zu setzen. Vier Jahre später lernt er seine spätere Frau Anna Cummings kennen. Beide arbeiten an der Umsetzung eines Floßes, bestehend aus 15.000 Plastikflaschen und einem Flugzeugrumpf. Auf diesem Floß, dem „JUNK raft", segelt Eriksen etwa 4000 Kilometer von Kalifornien nach Hawaii, um den Great Pacific Garbage Patch zu inspizieren (vgl. Eriksen, 2017). Dabei versucht er, ähnlich wie de Rothschild, die Gesellschaft durch die Aktion auf die Problematik aufmerksam zu machen. 2009 gründen Cummings und Eriksen gemeinsam die NGO „5 Gyres". Der Name heißt übersetzt „5 Wirbel" und bezieht sich auf die fünf großen Müllstrudel in den Weltmeeren (vgl. The 5 Gyres Institute, o.J.). Eriksen und Cummings haben alle fünf großen Müllstrudel besichtigt und so umfangreiche Daten sammeln und auswerten können. Im August 2016 startet die siebzehnte Expedition der

Organisation. In der kanadischen Arktis werden Plastikteile und Mikroplastik gesammelt und ausgewertet, um weitere Daten in der 2014 veröffentlichten Datensammlung „Global Estimate of Marine Plastic Pollution" zu ergänzen (vgl. Nahigyan, 2014). 2015 erreicht die Organisation, zusammen mit anderen NGOs, die Unterzeichnung des sogenannten „Microbead-Free Waters Act" durch den damaligen Präsidenten Obama (vgl. The 5 Gyres Institute, o.J.). Ab dem 1.Juli 2017 soll die Produktion für einige mikroplastikhaltige Produkte, wie beispielsweise Zahnpasta oder Haarshampoo, auslaufen. Ein Jahr später soll der Verkauf solcher Produkte gänzlich verboten sein (vgl. EcoWatch, 2015). Der geschätzte Eintrag von jährlich 2,9 Trillionen Mikroplastikteilchen in US-amerikanische Wasserwege könnte somit schon bald ein Ende haben (ebd.).

4.7 Was kann jeder Einzelne tun?

Jack Johnson, ein US-amerikanischer Surfer, Musiker und Umweltaktivist veröffentlicht im Jahr 2006 auf seiner CD zum Kinderfilm „Curious George" unter anderem ein Lied, das mir besonders im Ohr hängen geblieben ist. Das Lied heißt „the 3 R's" und handelt von den drei Prinzipien „Reduce, Re-use, Recycle", also Reduzieren, Wiederverwenden und Recyceln, die jeder Mensch praktizieren kann, um seinen Plastikmüll zu reduzieren (vgl. Johnson, 2006). Johnson spricht mit seinem Lied vor allem ein jüngeres Publikum an und geht damit, meiner Meinung nach, einen entscheidenden Schritt. So wie damals die Gesellschaft von der neu aufblühenden Kunststoffwirtschaft zur Wegwerfgesellschaft umerzogen wurde, so muss, in meinen Augen, die Gesellschaft nun nochmals umerzogen werden zu einer „reduce, re-use, recycle"-Gesellschaft, die vollständig über die Gefahren des Plastik und damit über die verheerenden Folgen ihres Kunststoffkonsums aufgeklärt ist. Qualitativ hochwertige Produkte müssen wieder an Bedeutung gewinnen. Qualität statt Quantität muss das Prinzip lauten. Die Umweltökonomin Meike Gebhard rät zu einem bewussten Kauf von Textilien und warnt vor den Langzeitfolgen des Fast-Fashion-Konsums und seinen schnelllebigen, billig produzierten Kleidungsstücken aus Kunstfasern, die maßgeblich am Eintrag von Mikroplastik in die Ozeane beteiligt sind (vgl. Salden, 2017). „Die beste Ökobilanz hat immer noch die Hose, die lange getragen wird" (Salden, 2017, S. 57). Dieses Credo lässt sich nicht nur auf den Textilkonsum anwenden, sondern ist in allen anderen Bereichen, wie Möbel, Haushaltsutensilien, Elektrogeräte oder Spielsachen ebenfalls von großer Bedeutung. Vor allem in Hinsicht auf Einwegprodukte, wie Plastiktüten, PET-Flaschen oder Joghurtbecher, die nur ein einziges Mal verwendet werden, muss drastisch reduziert werden (vgl. Eriksen / Prindiville / Thorpe, o.J.).

In der neuen Bildungsplanreform von 2016 werden sechs Leitperspektiven eingeführt, die fächerübergreifend gelehrt werden sollen. Eine dieser Leitperspektiven ist auch die

„Bildung für nachhaltige Entwicklung (BNE)" im „Sinne der Befähigung zur verantwortungsvollen und aktiven Gestaltung einer zukunftsfähigen Welt" (Pant, o.J.). Kinder und Jugendliche sollen vor allem zu eigenständigem, vorausschauendem Denken, zu autonomem Handeln und zur Teilhabe am gesellschaftlichen Leben erzogen werden (vgl. UNESCO Weltaktionsprogramm, o.J.). Gerade als angehende Lehrerin sehe ich mich in der Pflicht, die heranwachsende Generation über die Problematik zu informieren und gemeinsam mit meinen Schülerinnen und Schülern Ideen und Lösungsvorschläge für den verantwortungsvollen und bewussten Konsum von Kunststoffprodukten im Alltag zu erarbeiten. Dabei möchte ich selbst eine Vorbildrolle einnehmen, indem ich meine Lebensweise so gut es geht dem „reduce, re-use, recycle"-Prinzip anpasse. Auch im World Ocean Review wird der „Ansatz der Umweltbildung und –erziehung" (maribus gGmbH, 2010, S. 91) als vielversprechend angesehen.

Zu sehr sind wir bereits abhängig von den Vorzügen des Materials, die ja unumstritten ihre Berechtigung haben. „Den Chemikalien um uns herum zu entkommen, ist so gut wie unmöglich" sagt Werner Boote (2010) in seinem Buch „Plastic Planet". Im Supermarkt und vor allem in Lebensmittel-Discountern wie Lidl oder Aldi sind nahezu alle Lebensmittel in Plastikfolie eingeschweißt. Der Konsument hat scheinbar also gar keine andere Wahl, als zur Plastikverpackung zu greifen. Oder doch?

Im Mai letzen Jahres eröffnete am Karlsruher Hauptbahnhof der „Unverpackt" Laden, dem ich kurzerhand selbst ein Besuch abstattete. Die Ware wird zwar in großen Plastikbehältern aufbewahrt, der Kunde kann sich die Produkte jedoch in eigens mitgebrachte Gläser oder Papiertüten abfüllen. Neben Müsli, Mehl und Getreidekörnern aller Art kann auch Geschirrspülmittel und Handseife ohne Mikroplastik abgefüllt werden. In meinen Augen kann der Laden zwar nicht grundsätzlich den wöchentlichen Großeinkauf ersetzen, aber er bietet umweltbewussten Konsumenten eine echte Alternative. Auf einem Informationstisch liegen außerdem Broschüren und Bücher über das alltägliche Leben ohne Plastik aus. Auch im Internet findet man zahlreiche Blogs und Foren, die Rezepte, Erfahrungsberichte, Tipps und Tricks für eine umweltbewusste Community bereitstellen und einen regen Austausch ermöglichen. Im Gespräch mit der Verkäuferin des Ladens, erfahre ich von einer App namens „Codecheck", die dem Konsumenten ermöglicht, die Inhaltsstoffe von Lebensmitteln und Kosmetikprodukten per Strichcode-Scan einzusehen. Zu Hause angekommen, lade ich mir App auf mein Smartphone und habe schon kurze Zeit später eine ganze Tüte an Kosmetikartikeln aussortiert, die ich eigentlich täglich benutze. In vielen der Produkte finden sich neben Mikroplastik auch krebserregende und hormonell wirksame Stoffe, was mich doch einigermaßen schockierte. Codecheck ist seit diesem Tag an meine Entscheidungshilfe beim Kauf neuer Produkte. Wer sich auch außerhalb des Alltags für den Schutz der

Ozeane einsetzen will, kann beispielsweise an Müllsammelevents, wie dem ICC teilnehmen oder per App (siehe 4.6.3) einen Beitrag zur Datensammlung leisten.

5. Fazit

Das enorme Ausmaß der Verschmutzung der Ozeane durch Plastikmüll und die damit einhergehenden Gefahren sind nicht zu leugnen. Wir sind unmittelbar von den Auswirkungen unserer Wegwerfgesellschaft bedroht und müssen jetzt handeln. In dem Bericht „Future of the Ocean and its Seas" wird dargelegt, dass es zur Bewältigung des Problems nicht nur eine einzige Lösung gibt, vielmehr muss das Problem multiperspektivisch und kooperativ angegangen werden (vgl. Williamson / Smythe-Wright / Burkill, 2016). Dazu gehört sowohl der top-down als auch der bottom-up Ansatz. Auf der einen Seite müssen sich also die Regierungen weltweit durch stärkere Gesetze, finanzielle Unterstützungen, Förderung von modernen Technologien, umfangreiche Forschung und internationale Zusammenarbeit für die Bekämpfung des Plastikmülls einsetzen. Allerdings kann sich die Bevölkerung nicht unbedingt eine tatkräftige Bekämpfung des Problems durch die Politik erhoffen. Wie in Kapitel 4.1 dargelegt, spielen oft ökonomische Interessen und die viel zu einflussreiche Kunststofflobby einer zielorientierten Problemlösung entgegen, auch wenn Deutschland durch sein bemerkenswert hoch entwickeltes Abfallwirtschaftssystem eine große Vorbildrolle einnimmt. Hinzu kommt, dass die Regierungen gerade durch die großen Herausforderungen in der Flüchtlingskrise momentan sehr dringliche andere Probleme zu bewältigen hat. Auf der anderen Seite machen sich viele engagierte Menschen unabhängig von der Regierung für die Bekämpfung der Problematik stark und organisieren sich in verschiedenen NGOs, die bemerkenswerte Fortschritte in der Forschung, durch das Sammeln von umfangreichen Daten, in der Entwicklung von Müllsammelmethoden und in der Öffentlichkeitsarbeit verzeichnen können. Jedoch können wir uns auch hier nicht auf das Engagement der NGOs verlassen und darauf hoffen, dass -salopp ausgedrückt- irgendwelche Umweltaktivisten das Problem schon in den Griff bekommen werden. Letztendlich sind in erster Linie wir selbst als Verbraucher gefragt, unser Konsumverhalten zu überdenken und so einen maßgeblichen Beitrag zur Eindämmung des Problems zu leisten (vgl. Williamson / Smythe-Wright / Burkill, 2016). Ich persönlich sehe daher vor allem Potential im bottom-up Ansatz. Wenn sich ein Umdenken in der Gesellschaft bezüglich des Konsumverhaltens mehr und mehr ausbreiten und sich dadurch der Bedarf an Produkten und Verpackungen aus Plastik reduzieren würde, wäre auch die Kunststofflobby zu einer Konzeptänderung gezwungen. Von einer solchen Entwicklung sind wir jedoch noch weit entfernt. Meiner Meinung nach wird beispielsweise noch viel zu wenig zur Aufklärung der Bevölkerung beigetragen. Wer weiß, wann und ob ich mich so ausführlich mit der Problematik beschäftigt hätte, wenn dies nicht das Thema meiner Hausarbeit gewesen wäre. Immerhin ist die Thematik mittlerweile in der Agenda der Europäischen Union angekommen (vgl. Latif, 2014) und erste Bestrebungen, wie beispielsweise die Reduzierung des Plastiktütenverbrauchs, werden realisiert. Langsam aber sicher scheint sich ein Bewusstsein für die Problematik zu entwickeln. Das bemerkenswerte Engagement vieler Menschen in den zahlreichen NGOs und die lebhafte Community im Internet können in meinen Augen hierfür als Indikator angesehen werden. Letztendlich zählt jedoch, dass jeder einzelne Mensch eine große Verantwortung gegenüber der Umwelt und den nächsten Generationen trägt. Eine nachhaltige Bekämpfung der Problematik muss also an der Veränderung unserer eigenen Lebensweise ansetzen.

6. Quellenverzeichnis

Beier, Wolfgang (2009): Biologisch abbaubare Kunststoffe. [pdf] Dessau-Roßlau: Umwelt Bundesamt
URL: https://www.umweltbundesamt.de/sites/default/files/medien/publikation/long/3834.pdf [18.02.2017]

Bio Intelligence Service (2011): Assessment of the impacts of options to reduce the use of single-use plastic carrier bags. Final Report [pdf] Paris: Bio Intelligence Service
URL: http://ec.europa.eu/environment/waste/packaging/pdf/report_options.pdf [18.02.2017]

BMBF (Bundesministerium für Bildung und Forschung) (Hg.) (2015): Zukunft der Ozeane. Gemeinsam forschen für eine gesunde Meeresumwelt [pdf] Berlin: BMBF
URL: https://www.fona.de/mediathek/pdf/BMBF_Zukunft_der_Meere_12_BARRIEREFREI.pdf [19.02.2017]

Braungart, Michael / Donough, William (2009): Cradle to Cradle. Remaking the way we make things London: Vintage (Vintage Books)

Budianto, Flora / Lippelt, Jana (2010): Kurz zum Klima: Plastiktüten – nicht länger tragbar. In: ifo Schnelldienst 63 (Heft 14), S. 41-43

Bundesinstitut für Risikobewertung (n.d.): Risikobewertung von Chemikalien unter REACH
URL: http://www.bfr.bund.de/de/risikobewertung_von_chemikalien_unter_reach-223.html [18.02.2017]

Bundesministerium der Justiz und für Verbraucherschutz (2012): Gesetz zur Förderung der Kreislaufwirtschaft und Sicherung der umweltverträglichen Bewirtschaftung von Abfällen (Kreislaufwirtschaftsgesetz KrWG) [pdf]
URL: https://www.gesetze-im-internet.de/bundesrecht/krwg/gesamt.pdf [19.02.2017]

Bundesministerium für wirtschaftliche Zusammenarbeit und Entwicklung (2017). Lexikon des bmz [online] Berlin: Bundesministerium für wirtschaftliche Zusammenarbeit und Entwicklung
URL: https://www.bmz.de/de/service/glossar/N/nichtregierungsorganisation.html [19.02.2017]

Caseri, Walter (2007): Phenolharze. In: Thieme RÖMPP [online]
Stuttgart: Georg Thieme Verlag KG
URL: https://roempp.thieme.de/roempp4.0/do/data/RD-16-01590 [18.02.2017]

Coe, James M. / Rogers, Donald B. (Hg.) (2012) : Marine debris: sources, impacts and solutions. Springer-Verlag, New York. [e-book] New York: Springer Verlag. Erhältlich auf: Google Books
URL:https://books.google.de/books?hl=de&lr=&id=RRIGCAAAQBAJ&oi=fnd&pg=PR17&ots=cFyhD5rHp&sig=foAAy0yIQxP0R3q9OXjuR7QF6wo&redir_esc=y#v=onepage&q&f=false [18.02.2017]

Contierto, Marco (2006) Toxic Lobby. How the chemicals industrie is trying to kill REACH [pdf] Greenpeace International
URL:http://www.greenpeace.org/sweden/Global/sweden/p2/miljogifter/report/2006/toxic-lobby.pdf [18.02.2017]

Dau, Kirsten / Millat, Dr. Gerald / Brandt, Thomas / Möllmann, Nils (2014): Pilotprojekt „Fishing for Litter" in Niedersachsen. Abschlussbericht 2013-2014 (aktualisierte Fassung) [pdf] Nationalpark Wattenmeer
URL:https://www.nationalparkwattenmeer.de/sites/default/files/media/pdf/abschlussbericht_aktualisierte_fassung_f4l_nds_2013-_2014.pdf [19.02.2017]

Detloff, Dr. Kim Cornelius (2012): Müllkippe Meer. Plastik und seine tödlichen Folgen [pdf] Berlin: Naturschutzbund Deutschland (NABU) e.V.
URL: https://www.nabu.de/imperia/md/content/nabude/naturschutz/meeresschutz/nabu-broschuere_muellkippe_meer.pdf [19.02.2017]

Detloff, Dr. Kim Cornelius (2016): Ozeane in Plastik. In: Oekom e.V. – Verein für ökologische Kommunikation (Hg.) (2016): Meeresschutz. Von der Rettung des blauen Planeten
München: oekom Verlag (Band 145), S. 52-57

Deutsche Umwelthilfe e.V. (2015): Einweg-Plastik kommt nicht in die Tüte! Plastiktüten in Deutschland ohne Zukunft! [pdf] Deutsche Umwelthilfe e.V.
URL:http://www.duh.de/fileadmin/_migrated/content_uploads/Einwegplastiktueten_Hintergrundpapier_2015.pdf [18.02.2017]

Deutsche Umwelthilfe e.V. (o.J.): DUH-Tütentauschtag am Plastic Bag Free Day
URL: http://www.duh.de/index.php?id=4767 [18.02.2017]

EPEA (Environmental Protection Encouragement Agency) (o.J.): Cradle to Cradle
URL: http://epea.com/de/content/cradle-cradle%C2%AE [18.02.2017]

Eriksen, Markus (2017): About
URL: http://www.marcuseriksen.com/about/ [18.02.2017]

Eriksen, Marcus / Prindiville, Matt / Thorpe, Beverly (o.J.): The Plastics BAN List. An analysis and call-to-action to phase out the most harmful plastic products used in California. [pdf] The 5 gyres Institute, Clean Production Action, Surfrider Foundation, Upstream
URL: http://www.cleanproduction.org/static/ee_images/uploads/resources/PlasticsBANList2016.pdf [18.02.2017]

Erken, Rebecca (2016): Tupperware, Thermomix. Warum der Hype um Produkt-Partys nervt. *Kölner Stadtanzeiger* [online] 21. Juli
URL: http://www.ksta.de/ratgeber/familie/tupperware--thermomix-warum-der-hype-um--produkt-partys-nervt-24353034 [18.02.2017]

European Information Centre on Bisphenol A (o.J.): Migration von Bisphenol-A (BPA)
URL: http://www.bisphenol-a-europe.org/de_DE/science-3/migration-3 [19.02.2017]

Eurostat (2012): Landfill still accounted for nearly 40% of municipal waste treated in the EU27 in 2010 [Pressemitteilung] 27. März
URL: http://europa.eu/rapid/press-release_STAT-12-48_en.htm?locale=en [18.02.2017]

Finger, Tobias (2014): The Ocean Cleanup. Dieser Student will die Weltmeere vom Plastikmüll befreien. *Wirtschaftswoche* [online] 24. Juni
URL: http://www.wiwo.de/technologie/green/living/the-ocean-cleanup-dieser-student-will-die-weltmeere-vom-plastikmuell-befreien/13549528.html [18.02.2017]

Friedrichs, Michael (2016): Die 8 häufigsten Missverständnisse über Weich-PVC
URL: http://www.agpu.de/die-8-haeufigsten-missverstaendnisse-ueber-weich-pvc/928 [18.02.2017]

Friege, Dr. Henning (2014): Ressourcenmanagement und Siedlungsabfallwirtschaft. Challenger Report für den Rat für Nachhaltige Entwicklung [pdf] Berlin: Rat für Nachhaltige Entwicklung
URL:http://www.nachhaltigkeitsrat.de/uploads/media/Challenger_Report_Ressourcenmanagement_und_Siedl ungsabfallwirtschaft_texte_Nr_48_Januar_2015_01.pdf [19.02.2017]

Greenpeace (2002): Umweltverbrechen nationaler Konzerne
URL: http://www.greenpeace.de/themen/umwelt-wirtschaft/umweltverbrechen-multinationaler-konzerne [18.02.2017]

Greenpeace (2014): Mikroplastik in Kosmetikprodukten. Ein Infoprojekt von Greenpeace und Ö3 für die Initiative „Mutter Erde"
URL: https://secured.greenpeace.org/austria/de/aktivwerden/proteste/konsum/mikroplastik/ [19.02.2017]

Habel, Birthe / Steinecke, Karin (2016): Plastikmüll: (un)sichtbare Umweltbedrohung für die Nordsee? In: Geographische Rundschau 68 (Heft 4), S. 26-32

Henninger, Sascha / Kaiser, Tanja (2016): Eine Insel ohne Berge. Plastikmüllverschmutzung von Gewässern. In: Praxis Geographie 46 (Heft 1), S. 26-29

Heyerdahl, Thor (1985): Kon-Tiki. Ein Floß treibt über den Pazifik
Berlin: Safari bei Ullstein Verlag

Johnson, Jack (2006): Sing-A-longs and Lullabies for the film Curious George [CD]
Brushfire Records

Latif, Mojib (2014): Das Ende der Ozeane. Warum wir ohne die Meere nicht überleben werden
Freiburg: Verlag Herder GmbH

Leser, Hartmut (Hg.) (2005): Diercke Wörterbuch Allgemeine Geographie. 13. Auflage
München: Deutscher Taschenbuch Verlag GmbH & Co. KG
Braunschweig: Westermann Schulbuchverlag GmbH

Letz, Sabine (2010): David de Rothschild – Plastiki. Traumschiff aus Plastikflaschen. *Utopia* [online] 1. März
URL: https://utopia.de/0/magazin/david-de-rothschild-traumschiff-aus-plastikflaschen-plastiki-umweltaktivist-pet [19.02.2017]

maribus gGmbH (Hg.) (2010): Allgegenwärtig – der Müll im Meer. In: world ocean review (Heft 1), S.86-91

McAlone, Nathan / Hunter, John Stanley (2016): Adidas verkauft 7000 Paare – diese Schuhe sind aus Plastikmüll aus dem Ozean. *Business Insider Deutschland* [online] 5. November
URL: http://www.businessinsider.de/adidas-coole-schuhe-aus-dem-ozean-plastik-muell-2016-11 [16.03.2017]

Moore, Capt. Charles (2011): Plastic Ocean
New York: Avery (a member of Penguin Group)

My Plastiki (2012): Take Action
URL: http://www.myplastiki.com/pledge.php?option=1 [18.02.2017]

NABU (2010): Fishing for Litter. Müll fischen für saubere Meere. [pdf] Berlin: Naturschutzbund Deutschland (NABU) e.V.
URL: https://www.nabu.de/imperia/md/content/nabude/meeresschutz/flyer_fishingforlitter.pdf [19.02.2017]

NABU (o.J.a): Coastal Cleanup Day – der NABU räumt auf
URL: https://www.nabu.de/natur-und-landschaft/aktionen-und-projekte/meere-ohne-plastik/cleanup/ [19.02.2017]

NABU (o.J.b): NABU-Projekt: „Meere ohne Plastik". Aufräumen, Fortbilden und Müll vermeiden
URL: https://www.nabu.de/natur-und-landschaft/aktionen-und-projekte/meere-ohne-plastik/index.html [18.02.2017]

NABU (2014): Knapp 200 Müllteile auf 100 Meter Strand. Ergebnisse des NABU-Spülsaum-Monitorings auf Fehmarn und Rügen
URL: https://www.nabu.de/natur-und-landschaft/aktionen-und-projekte/meere-ohne-plastik/14984.html [19.02.2017]

Nahigyan, Pierce (2014): 5 Gyres Publishes First Global Estimate Of Plastic Pollution. *Planet Experts* [online] 10. Dezember
URL: http://www.planetexperts.com/5-gyres-publishes-first-global-estimate-ocean-plastic-pollution/ [19.02.2017]

NaKu (o.J.): Was steckt hinter NaKu?
URL: http://www.naku.at/de_DE/uber-uns [19.02.2017]

EcoWatch (2015) Victory: Obama signs Bill Banning Plastic Microbeads. *EcoWatch* [online] 29. Dezember
URL: http://www.ecowatch.com/victory-obama-signs-bill-banning-plastic-microbeads-1882138882.html [19.02.2017]

Ocean Conservancy (2016a): Trash Weighing More than 100 Boeing 737s Collected During 30th International Coastal Cleanup
URL: http://www.oceanconservancy.org/who-we-are/newsroom/2016/trash-weighing-more-than-100.html [18.02.2017]

Ocean Conservancy (2016b): 30th anniversary Internationale Coastal Cleanup. Annual Report 2015 [pdf] Washington DC: Ocean Conservancy
URL: http://www.oceanconservancy.org/our-work/marine-debris/2016-data-release/2016-data-release-1.pdf [19.02.2017]

Ocean Conservancy (2017): Keep the coast clear
URL: http://www.oceanconservancy.org/keep-the-coast-clear/organize-the-cleanup.html [18.02.2017]

Pant, Hans Anand (o.J.) Einführung in den Bildungsplan 2016
URL: http://www.bildungsplaene-bw.de/,Lde/BP2016BW_ALLG_EINFUEHRUNG [18.02.2017]

Plastic Planet (o.J.): Plastic Planet. Willkommen im Plastikzeitalter [online]
URL: http://www.plastic-planet.de/ [18.02.2017]

Pretting, Gerhard / Boote, Werner (2010): Plastic Planet. Die dunkle Seite der Kunststoffe
Freiburg: orange-press 2010

Reisser, J. / Slat, B. / Noble, K. / du Plessis, K. / Epp, M. / Proietti, M. / de Sonneville, J. / Becker, T. / Pattiaratchi, C. (2015): The vertical distribution of buoyant plastics at sea: An observational study in the North Atlantic Gyre. In: Biogeosciences 12, S. 1249-1256
Ricci, Silvia (2011): Der jute Beutel. *The European. Das Debatten-Magazin* [online] 1. Februar
URL: http://www.theeuropean.de/silvia-ricci/5458-ciao-ciao-plastiktuete [18.02.2017]

Salden, Simone (2017): Die Polyesterschwemme. In: Der Spiegel 08/2017, S. 56-58

Schultz, Stefan (2009): Öko-Aktivist Rothschild. Das Müll Traumschiff. *Spiegel Online* [online] 14. April
URL: http://www.spiegel.de/reise/aktuell/oeko-aktivist-rothschild-das-muell-traumschiff-a-615091.html
[19.02.2017]

Shafy, Samiha (2008): Das Müllkarussell. *Spiegel Online* [online] 2. Februar
URL: http://www.spiegel.de/spiegel/a-533229.html [18.02.2017]

Siebert, Dr. Stefanie (2009): Bioabfallverwertung auf hohem Niveau. In: Humuswirtschaft & Kompost aktuell
der Bundesgütegemeinschaft Kompost e.V. 03/2009, S. 4-5

Siewert, Lilian / Müller, Valérie (2014): Wettkampf um den Müll. *Süddeutsche Zeitung* [online] 10. September
URL: http://www.sueddeutsche.de/wirtschaft/probleme-beim-recycling-wettkampf-um-den-muell-1.1975245
[18.02.2017]

Slat, Boyan / Jansen, Hester / de Sonneville, Jan (2014): How the oceans can clean themselves. A feasibility
study. [pdf] Delft: The Ocean Cleanup
URL:https://www.theoceancleanup.com/fileadmin/mediaarchive/Documents/TOC_Feasibility_study_lowres_V
2_0.pdf [19.02.2017]

Stöven, Kirsten / Jacobs, Frank / Schnug, Ewald (2015): Mikroplastik: Ein selbstverschuldetes Umweltproblem
im Plastikzeitalter. In: Journal für Kulturpflanzen 67 (Heft 7), S. 241-250

The 5 Gyres Institute (o.J.): 5 Gyres History in Numbers
URL: https://www.5gyres.org/about/ [18.02.2017]

The Ocean Cleanup (2015): The Ocean Cleanup. Annual Report 2015. [pdf] Delft: The Ocean Cleanup
URL: https://www.theoceancleanup.com/fileadmin/media-archive/Documents/TOC_2015_Annual_Report.pdf
[18.02.2017]

The Ocean Cleanup (2017a): The North Sea Prototype
URL: https://www.theoceancleanup.com/milestones/north-sea-prototype/ [19.02.2017]

The Ocean Cleanup (2017b): Scale Model Testing
URL: https://www.theoceancleanup.com/milestones/scale-model-testing/ [19.02.2017]

The Ocean Cleanup (2017c): Mega Expedition
URL: https://www.theoceancleanup.com/milestones/mega-expedition/ [20.02.2017]

Timmler, Vivien (2016): Plastiktüten werden kostenpflichtig – jetzt wirklich. *Süddeutsche Zeitung* [online] 26.
April
URL: http://www.sueddeutsche.de/wirtschaft/selbstverpflichtung-plastiktueten-werden-kostenpflichtig-jetzt-
wirklich-1.2967141 [19.02.2017]

Tupperware Deutschland GmbH (2016): Tuppern auf „Rekordniveau" [Pressemitteilung] 20. April
URL:https://www.tupperware.de/assets/files/Tupperware_Pressemeldung_Tuppern_auf_Rekordniveau_20160
420.pdf [18.02.2017]

Umwelt Bundesamt (2007): Phthalate . Die nützlichen Weichmacher mit den unerwünschten Eigenschaften
[pdf] Dessau-Roßlau: Umwelt Bundesamt
URL: https://www.umweltbundesamt.de/sites/default/files/medien/publikation/long/3540.pdf [19.02.2017]

Umwelt Bundesamt (2013): Plastiktüten [pdf] Dessau-Roßlau: Umwelt Bundesamt
URL:https://www.umweltbundesamt.de/sites/default/files/medien/479/publikationen/4453.pdf [18.02.2017]

Umwelt Bundesamt (2014): Weichmacher
URL: https://www.umweltbundesamt.de/themen/gesundheit/umwelteinfluesse-auf-den-menschen/chemische-
stoffe/weichmacher#textpart-3 [19.02.2017]

Umwelt Bundesamt (2015): „Tüten aus Bioplastik sind keine Alternative"
URL: http://www.umweltbundesamt.de/themen/tueten-aus-bioplastik-sind-keine-alternative [18.02.2017]

Umwelt Bundesamt (2016): Verpackungen
URL: http://www.umweltbundesamt.de/themen/abfall-ressourcen/produktverantwortung-in-der-
abfallwirtschaft/verpackungen [18.02.2017]

Umwelt Bundesamt (2017): Kunststoffabfälle

URL: https://www.umweltbundesamt.de/daten/abfall-kreislaufwirtschaft/entsorgung-verwertung-ausgewaehlter-abfallarten/kunststoffabfaelle#textpart-4 [18.02.2017]
UNESCO-Weltaktionsprogramm (o.J.): Nachhaltigkeit
URL: http://www.bne-portal.de/de/einstieg [18.02.2017]

Williamson, Phillip / Smythe-Wright, Denise / Burkill, Peter (2016): Future of the Ocean and ist Seas: A non-governmental scientific perspective on seven marine research issues of G7 interest
Paris: IAPSO, IUGG, ICSU, SCOR

Zierul, Sarah (2014): Forscher warnen vor Ozean-Filtern. *Süddeutsche Zeitung* [online] 20. August
URL: http://www.sueddeutsche.de/wissen/umweltschutz-ozeanforscher-warnen-vor-ozeansaeuberungs-projekt-1.2095367 [18.02.2017]

Bildnachweise:

Abb. 1:
NASA's Ocean Garbage Islands Simulation (2015) [Grafik]
URL: https://www.youtube.com/watch?v=0yG77rRXZDM [17.03.2017]

Abb. 2:
The Ocean Cleanup (2017) [Fotographie]
URL: https://www.theoceancleanup.com/ [17.03.2017]

BEI GRIN MACHT SICH IHR WISSEN BEZAHLT

- Wir veröffentlichen Ihre Hausarbeit,
  Bachelor- und Masterarbeit

- Ihr eigenes eBook und Buch -
  weltweit in allen wichtigen Shops

- Verdienen Sie an jedem Verkauf

Jetzt bei www.GRIN.com hochladen
und kostenlos publizieren

9 783668 642867